KB185377

공학이 일상으로 오기까지

감사의 말

마이클 맥레이: 공학은 발견하거나 적용할 곳이 매우 광범위하고 풍부한 분야입니다. 내게 과학과 공학에 대한 사랑을 불러일으키고 영감을 준 여러 선생님들, 동료들에게 감사를 표합니다. 특히나 실습 활동을 할 때 창의적으로 참여할 수 있도록 격려해 주셨던 그래햄 워커 박사님께 특별한 감사를 표합니다. 도구를 사용해 공학을 가르치는 것에 영감을 준 알롬 샤하, 과학과 기술에 대해 열정적으로 소통할 수 있도록 도와준 아내 리즈에게 감사를 표합니다. 마지막으로 생명 공학적 아이디어에 도움을 준 애슐리 맥레이에게도 특별한 감사를 표합니다.

조너선 베를리너: 내가 글을 쓰는 동안 인내심을 가지고 기다려준 나의 사랑스러운 아내 라다 코타리 박사에게 감사를 전합니다. 또한 이 책을 쓸 기회를 넘겨준 알롬 샤하와 위키피디아에 정보를 작성하고 확인한 모든 이들에게 감사를 표합니다.

일러두기

1. 이 책의 맞춤법과 인명, 지명 등의 외래어 표기는 국립국어원의 규정을 바탕으로 했으며, 규정에 없는 경우는 현지음에 가깝게 표기했습니다.
2. 영어, 한자, 부가 설명은 본문 안에 괄호 처리했으며, 인명은 본문 안에 병기로 처리했습니다.

공학 없이는 발명도 발전도 없다!

공학이 일상으로 오기까지

◇◇◇◇◇◇◇◇◇

마이클 멕레이, 조너선 베를리너 지음 김수환 옮김

차례

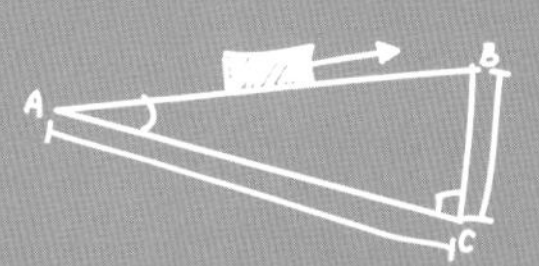

7장 • 화학 공학

8장 • 생명 공학

9장 • 통신

10장 • 미래의 공학

기술 연대표

머리말

이 책은 수많은 엔지니어들의 손을 거쳐 출간되었다. 기계 공학자들은 종이에 잉크를 인쇄하는 장치를 설계했고, 화학 공학자들은 잉크를 배합해 종이를 매끄럽고 윤기나게 만들었다. 컴퓨터 공학자는 글을 쓰거나 책의 디자인을 수정할 수 있는 프로그램을 만들었다. 이들이 없었다면 이 책은 만들어질 수 없었을 것이다.

사실 오늘날 만들어지는 거의 모든 것은 공학의 산물이다. 여행하는 방식은 물론 우리가 입는 옷과 취미 생활, 의약품, 식품, 스포츠 장비, 화장품, 로켓과 건물의 설계, 시험, 제작, 유지, 관리, 분해, 재활용 과정도 마찬가지로 공학의 산물이다. 어떤 것을 설계하고 만들 때 수학을 적용하는 것이 바로 공학이다. 이때 가장 먼저 떠오르는 것은 아마 건물이나 기계겠지만, 분자나 생체 조직을 재배열하는 것에도 공학이 적용된다.

오늘날 공학자들은 다양한 분야를 다룬다. 예를 들어 로켓을 궤도에 올리는 과정을 살펴보자. 화학 공학자들은 우주의 압력을 견딜 수 있는 튼튼하지만 가벼운 재료를 개발하고, 기계 공학자들은 극한의 힘을 처리할 수 있도록 재료를 배열하는 방법을 알아낸다. 전기 공학자들은 센서와 통신 기술을 연결하고, 컴퓨터 공학자들은 우주에서 보내오는 데이터를 읽을 수 있게 해 주는 프로그램을 만든다.

수학적 방정식이나 이론으로 실용적인 해법을 만들어 낸 곳마다 공학이 매우 중요한 역할을 했다. 공학자는 수학과 과학을 잘 알아야 할 뿐만 아니라 다른 이들과 협력할 줄 알아야 한다. 어쩌면 이 점이 공학자로서 성공하는 방법의 핵심일지도 모른다.

역사를 공부하면 일상의 크고 작은 문제에 대한 영리한 해법을 얻을 수 있다. 이 책은 그중 극히 일부의 이야기를 다룰 뿐이다. 이런 해법들 뒤에는 우주가 작동하는 원리 중 일부가 작용하기도 한다. 또한 이 책은 다양한 공학의 분야를 뒷받침하는 과학에 대해

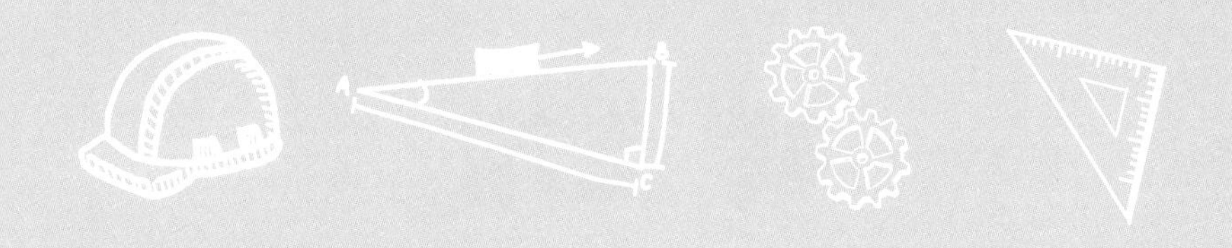

서도 다룬다.

우리가 살펴봐야 할 것은 역사만이 아니다. 우리의 미래는 해결해야 할 문제로 가득 차 있으며, 현재 우리는 이러한 미래 문제에 공학적 해결책을 제시할 기발한 사상가들을 필요로 한다. 어쩌면 그들 중 한 명이 지금 이 책을 읽고 있을지도 모른다.

책 소개

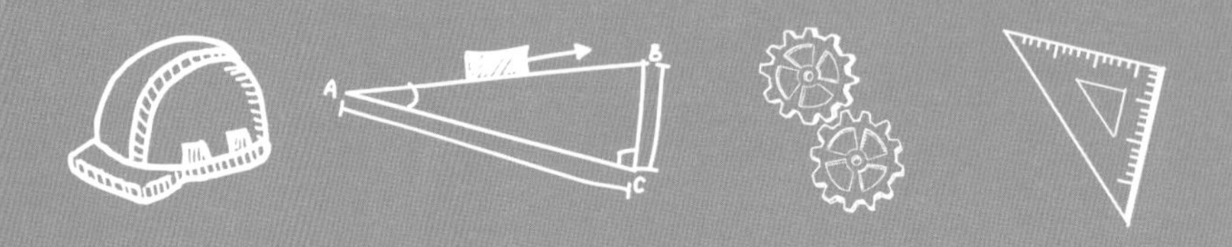

이 책은 공학의 핵심 개념을 다루고 있다. 우리는 이 책을 통해 공학과 관련된 주제, 공학이 일상에 영향을 미치는 부분, 공학이 우리 삶에서 작동하는 방식 등을 살펴볼 것이다. 그리고 우리 주변 세계에 적용된 수많은 응용 프로그램의 예시를 들어보며 방대한 공학 분야를 체계적으로 안내할 것이다.

본문 중 '단숨에 알아보기'를 통해서는 건설, 전력, 운송 수단, 기계, 화학 공정, 생명 공학 및 통신이 작동하는 방법에 대한 통찰을 제공한다. 이 책은 앞으로 발전할 것으로 예측되는 영역과 기술의 연대표로 마무리된다. 또한 이 책 전반에 걸쳐 여러분을 공학의 세계로 안내하고 그에 대해 깊게 이해할 수 있도록 돕는 다양한 도구를 배치했으니 마음껏 탐구하길 바란다.

- **이 책의 주제**

  각 장의 도입부에는 간단한 서론과 함께 주요 학습 주제가 설명되어 있다.

토막 상식

대부분의 주제는 보기 쉽게 강조된 아주 흥미로운 상식들을 다루고 있다.

퀴즈

각 장의 끝부분에는 퀴즈가 준비되어 있다. 다음 장으로 넘어가기 전에 내용을 얼마나 이해했는지 스스로 확인해보도록 하자.

간단 요약

각 장의 마지막에 있는 요약을 통해 이 장에서 다룬 내용을 복습할 수 있다.

쪽지 시험

대부분의 주제에는 해당 주제를 완전히 이해하고 실제 상황에 적용할 수 있을지 평가하는 데 도움이 되는 짧은 퀴즈가 있다. 답지부터 찾아보지 말고 직접 학습한 후 질문에 답해보자.

- **정답**

  퀴즈와 쪽지 시험의 답은 책의 뒤쪽에 있다. 답을 베끼지 말고 꼭 자신의 힘으로 풀자!

1

공학이란 무엇일까?

강을 건너야 할 때 필요한 것은 무엇일까? 더 많은 식량 생산이 필요할 때는 어떻게 해야 할까? 조난된 사람을 구할 때는 무엇이 필요할까? 엔지니어들은 우리 삶에 필요한 것들을 만들어낸다. 현대의 공학은 초기 엔지니어들이 찾아온 해답에 기반해 기술의 시대로 우리를 이끌었다.

이번 장에서 배우는 것

- ∨발견과 발명
- ∨위험과 안전
- ∨공학자의 자질
- ∨엔지니어는 무엇을 하는 사람일까?
- ∨공학의 경제학
- ∨측정

1.1 발견과 발명

우리는 메소포타미아의 고고학적 증거를 통해 알려진 최초의 바퀴가 기원전 3500년경에 발명되었다는 것을 알고 있다. 이 바퀴는 사람이나 무거운 짐을 쉽게 이동시키기 위해 발명되었다. 엔지니어들은 오랜 시간에 걸쳐 바퀴의 구조와 기능을 개선해 왔다. 최초의 바퀴 발명으로부터 5000년이 지난 오늘날 바퀴는 시속 300마일 이상으로 달리는 슈퍼 카에 쓰일 수 있게 되었다.

공학은 과학을 응용한 것이다. 과학에 대한 이해가 확장됨에 따라 우리는 우리가 사는 세상에 대해 점점 더 많이 알게 되었다. 예를 들어 대부분의 발명품은 완전히 새로운 것이 아니라 기존의 아이디어나 개념을 발전시킨 것이다. 전자계산기는 고대의 주판에서 시작되었으며, 주판의 구슬은 복잡한 숫자를 세고 더하는 데 사용되

어떤 발명은 시간이 지나면서 인간의 생활 방식에 막대한 영향을 미쳤다. 험프리 데이비Humphry Davy가 1809년 발명한 최초의 전구나 알렉산더 플레밍Alexander Fleming이 1928년에 발견한 최초의 항생제인 페니실린이 여기에 포함된다.

바퀴의 발전사

10000 BC	무거운 짐을 옮기기 위해 **통나무**를 사용했다.
4000 BC	이라크에서 도자기용 **물레**를 사용했다.
3500 BC	마차나 전차에 **차축이 달린 나무 바퀴**를 사용했다.
2000 BC	전차에 사용하기 위해 **스포크 차바퀴**가 발명됐다.
1000 BC	바퀴를 보호하기 위해 가죽, 목재, 철로 **바퀴 테두리**를 발명했다.
300-100 BC	그리스인들이 **물레바퀴**를 발명했다

었다. 휴대전화는 비둘기나 전령을 통해 메시지를 주고받는 것에서 시작되었다. 음악 스트리밍은 축음기를 통해 재생하던 레코드에서 테이프 카세트로 발전했고, 테이프 카세트는 CD로, CD는 다운로드 가능한 음원 파일로 발전했다. 이 세상에서 만들어지는 모든 것은 공학적 진화를 통해 발전해왔는데 처음에는 단순한 기능으로 시작했지만, 수 세대의 엔지니어들을 거쳐 더 편리하고 더 나은 형태로 진화했다.

특허

현대의 엔지니어들은 무언가를 발명하거나 개선하면 다른 사람이 베껴가지 못하도록 아이디어를 보호한다. 설계자 또는 발명가는 자신의 아이디어를 법적으로 등록함으로써 수년 동안 발명품을 보호하고, 판매할 수 있는 유일한 권리를 얻는다. 이러한 디자인 등록을 "특허 출원"이라고 한다.

첫 특허는 1421년 이탈리아의 엔지니어 필리포 브루넬레스키Filippo Brunellcschi로 기록되어 있다. 그는 무거운 대리석을 실을 수 있도록 제작된 특수 바지선에 대한 독점 권한을 받았다. 특허법은 1790년 미국에서 처음 제정되었으며, 여러 사람이 같은 시기에 비슷한 발명품을 개발해도 진위에 상관없이 처음 특허를 등록한 사람이 특허권을 갖게 되는 점 때문에 많은 소송과 논쟁이 일어났다.

1790년대 — **철 바퀴**가 발명됐다.

1800년대 — **증기기관차 바퀴**가 발명됐다.

1802 — G.F. 바우어가 **와이어 바퀴**에 대한 특허를 출원했다.

1845 — 존 던롭이 **공기 타이어**를 발명했다.

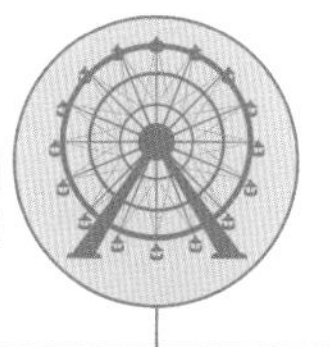

1893 — 조지 워싱턴 게일 페리스 주니어가 **관람차**를 발명했다.

1920년대 — **강철 림**과 디스크 휠이 발명됐다.

1960년대 — **합금 바퀴**가 발명됐다.

1973 — 협소한 공간에 활용하기 위해 **메카넘 바퀴**를 발명했다.

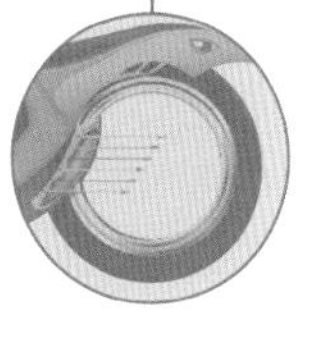

현재와 미래

허브리스 바퀴: 차축이나 바퀴 중심이 없는 텅 빈 바퀴로 오토바이에 쓰인다.
트윌: 미쉐린이 개발한 공기가 들어가지 않은 타이어.
액티브 휠: 차축 안에 전기모터와 서스펜션을 포함해 스스로 움직이는 바퀴. 미쉐린이 개발했다.

1.2 공학자의 자질

엔지니어들은 과학(Science)과 기술(Technology), 공학(Engineering), 수학(Math), 즉 이공계 지식(STEM)을 잘 알아야 한다. 또한 엔지니어들은 사물이 작동하고, 상호작용 또는 반작용하는 것을 이해해야만 문제의 해답을 구할 수 있다.

'스킬'이라는 단어를 들으면 무엇이 떠오르는가? 스포츠를 즐기는 독자라면 연습을 통해 습득하는 기술을 생각할 수도 있다. 체스 같은 전략 게임을 즐기는 독자라면 논리적으로 많은 정보를 분석하고 결정하는 기술을 떠올릴 것이다. 이처럼 엔지니어에게도 스킬, 곧 기술이 필요하다. 그들은 여러 사람과 다양한 프로젝트를 수행하는 과정에서 그 기술을 개발하게 된다.

그렇다면 엔지니어에게 필요한 능력은 무엇일까? 엔지니어의 역할은 문제에 대한 해결책을 제시하고, 새롭고 창의적인 제품을 발명하며, 사람들이 안전하고 건강한 삶을 유지하는 데 도움을 주는 것이다. 따라서 엔지니어는 문제를 해결하기 위해 많은 질문을 해야 하고, 아이디어를 전달하고, 팀으로 작업하며, 자신의 과학 및 기술 지식을 적용하여 해답을 찾을 수 있다.

생각해 보자. 내가 가진 아이디어를 다른 사람들에게 설명할 수 없다면 무슨 소용이 있을까? 특정 시간 이내에 해결해야 하는 중요한 문제의 기한을 놓쳐서 심각한 결과가 초래된다면 어떻게 될까? 이처럼 팀워크와 문제 해결 능력, 계획하고 체계적으로 일하는 것은 매우 중요한 스킬이다.

쪽지 시험

1. 당신이 가지고 있는 스킬을 세 가지만 적어 보자.
2. STEM은 무엇의 약자일까?
3. 좋은 팀이란 무엇일까?

A. 대단한 능력치를 가진 사람들이 개별적으로 일하는 것

B. 다양한 기술을 가진 사람들이 힘을 합쳐 일하는 것

팀

팀플레이에 대해 생각해 보자. 좋은 팀은 어떻게 일할까? 축구나 농구팀의 모든 선수가 골키퍼이거나 모두 수비수라면 경기를 잘할 수 없다. 서로 다른 사람들이 서로 다른 역할을 갖고 팀의 성과에 기여할 때 기술이 혼합되어 팀이 잘 작동하게 된다.

엔지니어도 마찬가지이다. 대부분의 엔지니어는 팀 안에서 다양한 기술을 가진 다른 사람들과 함께 일한다. 시간을 잘 지키는 사람, 돈을 잘 다루고 숫자에 능통한 사람, 기발한 해결책을 내놓는 사람, 그런 생각을 이해하기 쉽게 전달하는 사람 등이 있다. 이들이 모여서 아이디어를 실행에 옮기고 현실로 만들 수 있다.

우리도 내가 잘하는 것에 대해 생각해 보자. 친구들은 당신에 대해 어떤 사람이라고 평가할까? 당신은 좋은 팀 플레이어인가? 당신은 시간을 잘 지키는가? 당신은 아이디어를 잘 생각해내는 창의적인 사람인가? 아니면 모든 것을 체계화하고 조직하는 리더인가? 당신은 좋은 엔지니어가 되기 위해 어떤 기술을 이미 가지고 있는가? 또 어떤 기술을 습득할 수 있는가?

협업과 문제 해결 능력과 계획하고 체계적으로 일하는 것은 매우 중요한 스킬이다. 다음 장에서 공학자로 일하기 위해 필요한 스킬을 알아보자.

단숨에 알아보기

팀워크

축구 경기 중 노란색 팀의 필드 플레이어 10명 전부가 공격수라면 그 팀은 좋은 게임을 할 수 없다. 팀워크는 각기 다른 포지션에서 필요한 스킬을 잘 갖춘 선수들로 이루어진 팀에서 잘 작동한다.

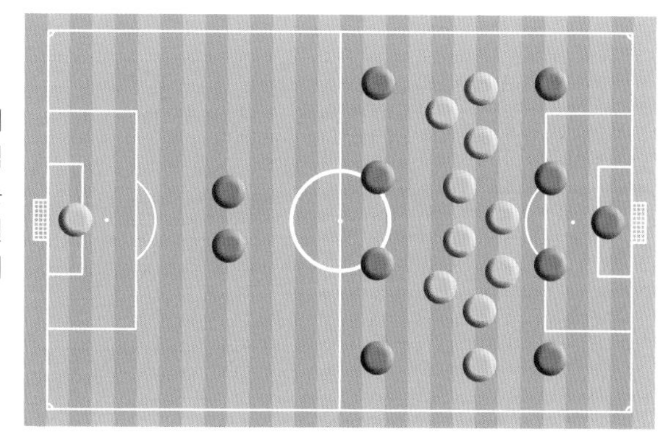

공학자로 일하기 위해 필요한 스킬

1. 주도적이고 자발적인 성격
"나가서 무찌르자!"

2. 체계화
계획을 세우고 그 계획을 따르기.

3. 시간 잘 지키기
어떤 일을 마치는 데 필요한 시간을 정하고 그 시간 내에 일을 마치기.

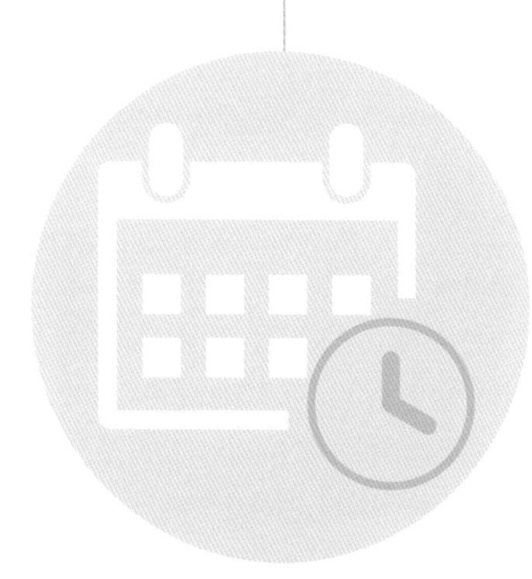

4. 의사소통

자신이 생각하는 것을 정확하게 전달하기. 그림, 대화, 글 등을 이용해 아이디어를 나타낼 수 있다.

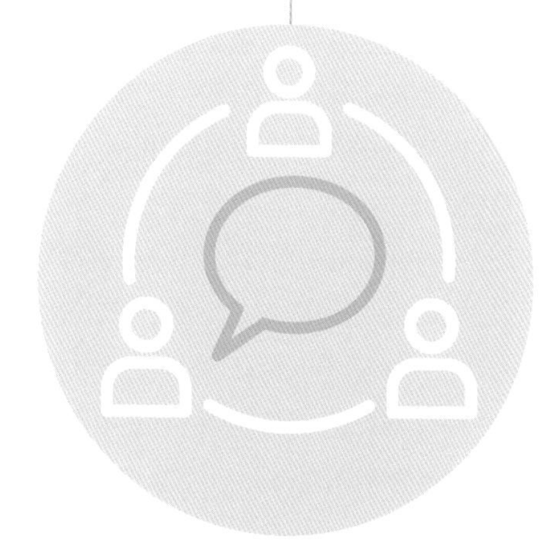

5. 문제 해결 능력과 창의적 사고 능력

훌륭한 아이디어는 곧 멋진 해결책이 되어 준다.

6. 산술 능력과 IT 기술

원가를 이해하고, 수학을 적용해 정확하게 계산하기.

7. 팀워크

다른 사람과 같이 일하고 좋은 결과를 위해 각각 기여하기.

1.3 공학의 경제학

공학과 발명은 작은 아이디어에서 시작한다. 하지만 말 그대로 시작에 불과하다. 엔지니어는 그 작은 불꽃을 현실로 만드는 방법을 알아내야 한다. 숫자는 공학의 여러 부분에서 매우 중요하게 쓰인다. 수학은 공학의 핵심이며 숫자로 작업하는 방법을 아는 것은 공학에서 필수적이다.

기발한 아이디어가 있다면 먼저 어떤 점을 고려해야 할까? 아이디어가 건물이나 다리 등 대규모 건설물에 관련된 경우, 엔지니어는 설계가 안전한지 확인하고, 원자재 비용을 결정하고, 예산을 추정한다. 또 시간이 얼마나 걸릴지(시간은 곧 돈이다!), 예산 범위를 벗어나지는 않는지 파악해야 한다. 제품에 대한 아이디어인 경우, 엔지니어는 아이디어를 판매할 수 있는 물건으로 실현시켜야 한다. 제품을 구매할 고객과 충분한 수요가 있어야 제조사도 충분한 양을 생산하여 이익을 얻을 수 있다.

원가를 절감한 계산 사례

어떤 엔지니어들은 제품을 더 저렴하게 만드는 데 중점을 둔다. 엔지니어는 제조 비용이나 유지 관리 비용을 줄여 보다 경제적인 방법을 개발하거나 설계를 수정하여 비용을 줄일 수도 있다. 이렇듯 제품을 저렴하고 수익성 있게 만드는 것을 "원가 절감"이라고 부른다.

이처럼 엔지니어는 작업의 경제성 또는 재정을 이해할 수 있어야 한다. 공학 팀이 계산을 잘못하면 비용이 예상보다 더 많이 들 수 있다. 다리를 건설하는데 프로젝트가 제시간에 완료되지 않는다면 위약금 등의 이유로 비용이 추가될 수 있다. 또한 새로운 제품을 만들고, 판매하고, 사용하려면 가치가 있어야 한다. 그렇지 않으면 프로젝트가 수행될 수 없다.

토막 상식

엔지니어 팀이 만든 가장 비싸고 큰 제품 중 하나는 바로 국제 우주 정거장이다. 이 제품을 만들기 위해 1,500억 달러 이상의 비용이 들었고, 여러 국가의 엔지니어들이 설계 및 제작에 참여했다. 밤하늘에 빛나는 우주 정거장을 볼 수 있는데 아주 굉장한 공학 프로젝트 아닌가!

단숨에 알아보기

초대형 프로젝트

이런 대규모 프로젝트들은 보통 1천억 달러 이상의 비용을 필요로 한다. 그뿐만 아니라 수년 간 기획해 건설되며, 다양한 파트너들이 참여한다. 그들은 이 프로젝트를 통해 수백만 명의 삶을 변화시킨다.

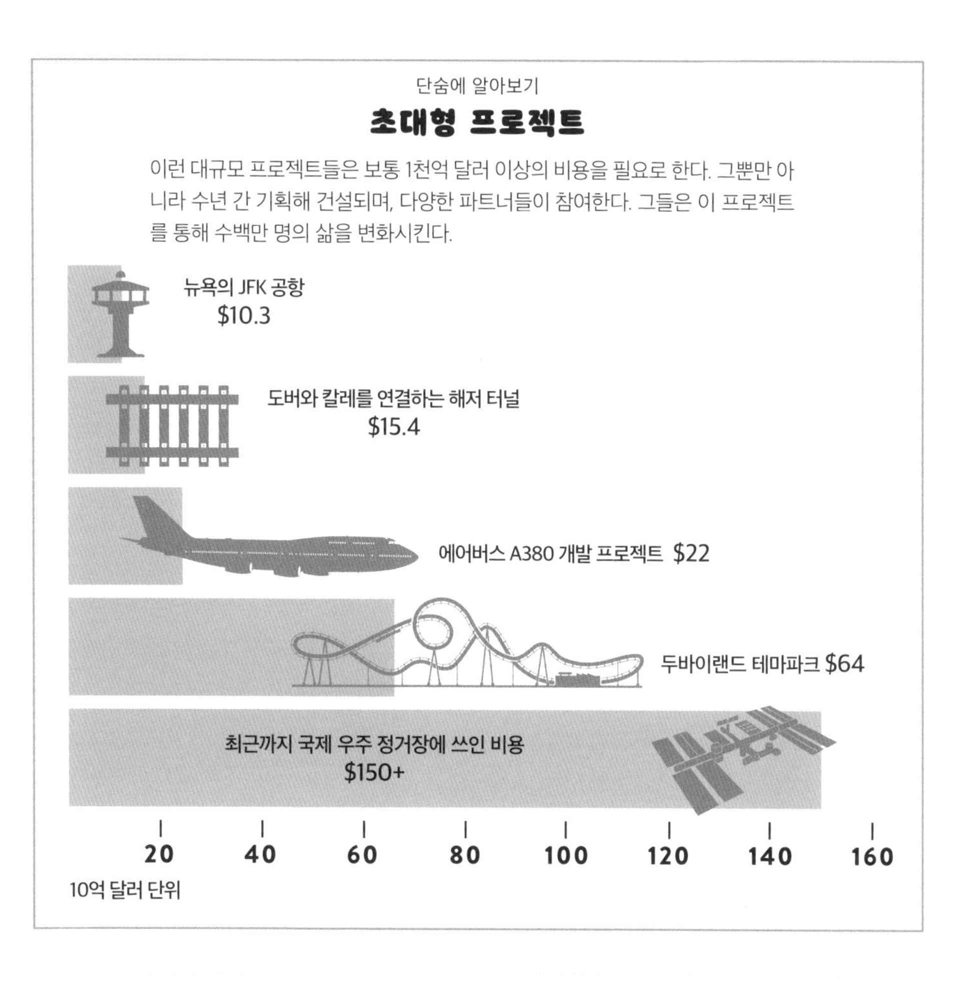

쪽지 시험

1. 엔지니어들이 제품의 생산 원가를 낮추는 것을 무엇이라고 부를까?
2. 지금가지 만들어진 제품 중 우주에서 가장 큰 제품은 무엇일까?
3. 두바이랜드 테마파크 프로젝트와 에어버스 A380 개발 프로젝트에 쓰인 비용은 얼마나 차이가 날까?
4. 다리를 디자인할 때 필요한 것을 두 가지 이상 말해보자.

1.4 리스크와 안전

엔지니어가 설계하고 생산하는 것 중에는 사용 시 안전에 유의해야 하는 것도 있다. 이처럼 심각한 상처를 입히거나 심지어 사망에 이르게 할 수 있는 제품을 '안전 필수 제품'이라고 부른다. 안전이 중요한 설계는 신중하게 진행되어야 하며 재해를 피할 조치가 포함되어야 한다. 이러한 제품의 예시로는 항공기, 의료 장비 등이 있다.

당신은 오류를 잘 발견하는 사람인가? 혹은 세부 사항에 주의를 기울이는 사람인가? 공학에서는 세부 사항이 매우 중요하며 엔지니어들은 안전을 위해 노력한다.

다음의 세 가지 방법으로 안전을 지킬 수 있다.

- 새로운 디자인이 잘 작동하는지, 위험한 부품 또는 품질이 낮은 재료가 사용되었는지 확인한다. 엔지니어는 목적에 맞는 디자인을 만들 때 해당 제품이 파손되거나 작동 실패하지 않고 필요한 기간만큼 오래 작동하는지 확인한다.
- 제품이 안전하고 사양에 맞게 설계되었는지 확인하기 위해 제품을 테스트한다. 즉, 엔지니어와 디자이너가 계산한 것이 정확히 일치해야 한다.
- 제품이 제조되는 작업장이나 제조시설이 제품에 영향을 끼치지 않는지 또는 사무실, 수영장, 학교, 도서관 등 사용자의 환경에 따라 안전성에 변동이 생기지는 않는지 확인한다.

엔지니어는 모든 위험사항을 파악하는 데 도움이 되는 설계 절차에 따라 설계를 수행하고, 뜻밖의 사고가 일어나는 것을 방지할 방법과 계획을 수립할 수 있다. FEMA(고장 모드와 영향 분석)는 문제가 발생했을 때 엔지니어가 수행해야 하는 과정이다. 도미노가 쓰러지는 모습을 떠올려 보자. 하나의 도미노를 넘어뜨리면 다음 도미노가 넘어지고, 연쇄적으로 마지막 도미노까지 계속 넘어진다. 엔지니어는 자신의 설계를 도미노를 보듯이 살펴보고 그 결과로 일어날 상황을 고려하여 모든 가능성을 검토해야 한다.

품질 관리 회로

설계 사양에 따라
제품을 만든다

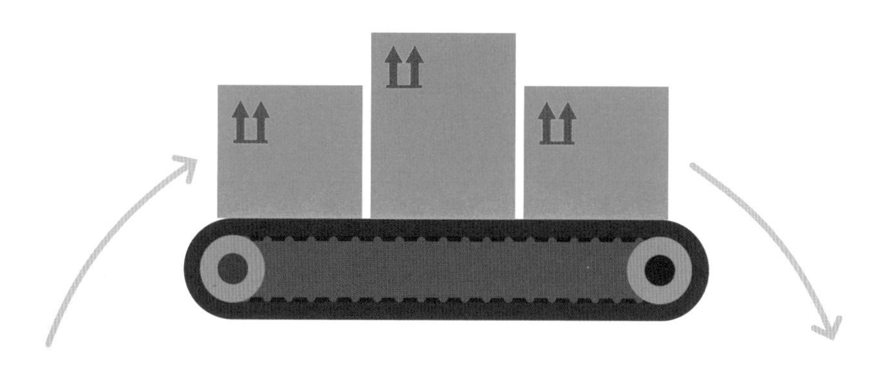

테스트를
진행한다

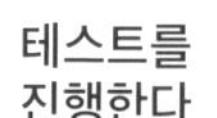

제품을
수정한다

데이터를
살펴본다

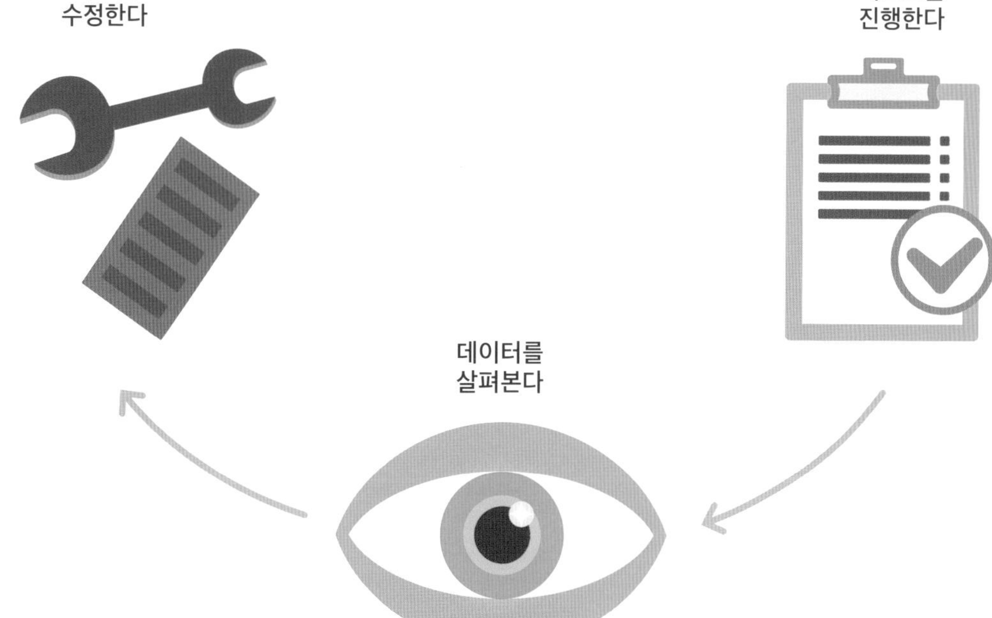

품질 관리

제품을 설계한 후에도 제품을 만들기 위한 기기 설계부터 각 제품이 올바르게 만들어졌는지 확인하기 위한 생산 모니터링 등 수행해야 할 일들이 여전히 많이 남아 있다.

제품이 정확하게 제작되지 않으면 "설계 사양에 맞지 않는다"라고 한다. 이것은 실사용 시 오작동의 원인이 될 수도 있는 매우 큰 문제이다. 고객들이 불만족하는 것도 문제지만, 제품의 결함이 광범위하고 위험한 경우 회사는 해당 제품을 구매한 모든 고객에게 연락하여 제품을 반품할 것을 요청해야 한다. 우리는 이것을 "리콜(회수)"이라고 부르며, 이는 회사에 막대한 재정적 부담을 준다.

엔지니어는 품질 관리 시스템을 마련하여 제품을 주의 깊게 확인하고 문제가 있는 제품을 제거해서 고객에게 판매되지 않도록 해야 한다. 제조 회사는 제품이 만들어지는 동안 지속해서 제품을 테스트하고, 테스트 데이터를 분석한 뒤 필요한 경우 생산 기계를 조정한다. 회사는 제품을 주의 깊게 모니터링하여 품질이 예상한 대로인지, 해당 제품이 제대로 작동하는지 확인한다.

토막 상식

첫 공장 감사관들은 1833년의 공장법 이후에 임명되었다. 그들의 주된 직무는 면/직물 업계에서 부상을 방지하고 아동이 과도하게 근무하는 것을 방지하는 것이었다.

조심하세요!
이 그림 속 작업 환경에서 몇 가지의 위
험 요소를 발견할 수 있을까?

1.5 엔지니어란?

엔지니어는 우리와 똑같은 사람이다. 그들은 수학과학 지식과 기술을 다양한 영역에 적용하는 이들이다. 엔지니어가 활용하는 공학은 과학과 기술에 기반하며 놀랍도록 창의적인 주제이다.

당신은 무엇에 흥미가 느끼는가? 스포츠? 패션? 음악? 음식? 엔지니어는 이 모든 분야와 그 외 다양한 분야에서 일한다. 하지만 "엔지니어는 무엇을 하나요?"라는 질문에 대답하기는 상당히 까다롭다. 공학은 어디에나 있고 엔지니어가 일하는 분야는 엄청나게 다양하기 때문이다.

공학의 분야

공학에는 다양한 영역이 있다. 엔지니어가 일하는 분야가 얼마나 다양한지 짐작할 수 있는가? 로봇공학, 소프트웨어, 전기, 항공 우주, 핵, 컴퓨터 하드웨어, 에너지, 농업, 자동차, 환경 등. 이렇듯 공학의 분야를 나열하자면 끝이 없다.

화학 엔지니어는 플라스틱, 화장품, 페인트, 연료와 같은 제품을 만들기 위해 기본 원료를 사용하는 방법을 살펴본다. 그들은 화학뿐만 아니라 화학 공장이나 기기를 디자인하는 등 대규모 화학실험을 수행하는 방법에 관해서도 연구한다.

토막 상식 기업 대표들이 가지고 있는 가장 일반적인 학위 중 하나가 공학 학위이다. 공학은 문제 해결 기술을 개발하고 세상이 어떻게 돌아가는지 이해하는 데 도움이 되기 때문이다.

엔지니어들은 바람을 일으키는 풍동에서 경주용 자동차를 테스트하고, 특정 알레르기를 유발하지 않는 화장품을 설계하고, 외계 생명체를 조사하기 위한 우주 탐사선을 만들고, 수백만 개의 구운 콩을 생산하고 미숙아를 모니터링하기 위한 전문 의료 장비를 만드는 데 시간을 보낸다. 엔지니어들은 이 모든 분야에서 일한다.

이들은 어떤 직업이나 환경에서든 엔지니어가 자신의 이공계 지식을 적용하고, 창의적인 솔루션을 제시하고, 이러한 아이디어를 현실로 만드는 방법을 연구한다는 공통점이 있다.

토목 공학을 전공한 엔지니어는 도로, 건물, 공항, 터널, 댐, 교량, 상수도 및 하수 처리 시스템을 설계, 건설, 운영, 건설 및 유지 관리한다.

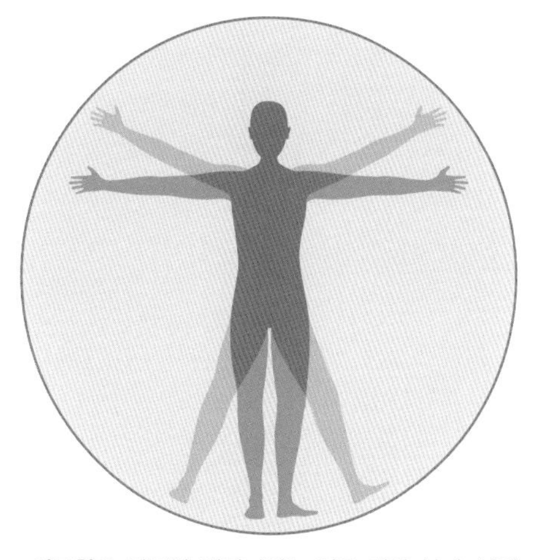

의공학을 전공한 엔지니어는 인공 내장 설계, 신체 부위 교체, 의료 문제 진단 기계를 포함한 생물·의학 장비와 장치에 중점을 둔다. 그들은 의료 전문가, 의사, 및 외과 의사들과 긴밀하게 협력한다.

엔지니어의 미래

이공계 분야는 기하급수적으로 성장하고 있다. 기술이 빠르게 발전함에 따라 우리 사회는 기술적인 발전뿐만 아니라 윤리적인 서비스 및 인프라를 필요로 하게 되었다. 이제 우리는 4차 산업혁명 시대에 접어들었다. 이제 네트워크를 통해 제품들끼리 연결되고, 데이터를 공유하고, 소통하는 시대에 접어들었다. 미래가 어떨지 그 누가 예상할 수 있을까? 미래의 엔지니어들은 계속해서 "왜?"라고 질문하며 세계가 어떻게 작동하는지 탐구해야 한다. 엔지니어들은 우리가 지금 일하는 방식에 도전하고 문제를 해결하며 틀에서 벗어나 생각해야 한다.

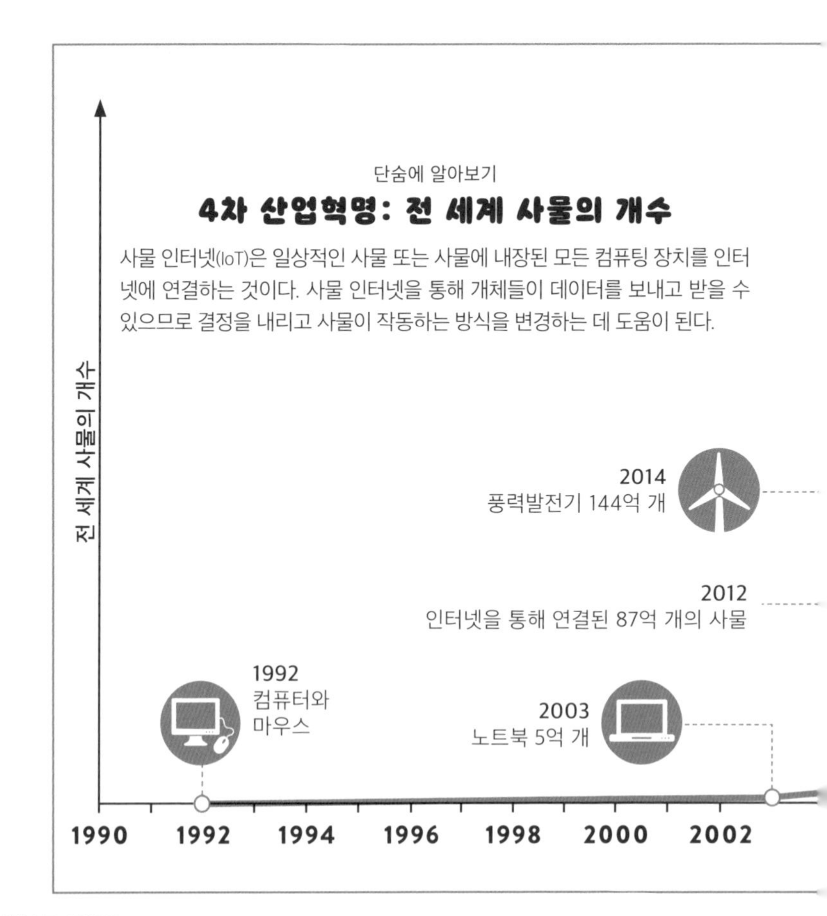

쪽지 시험

1. 기술이 발전하는 속도는 느리고 꾸준하다.
   A. 그렇다　　　B. 아니다
2. 공학은 과학과 기술에 관한 것으로 예술적 또는 창의적일 필요는 없다.
   A. 그렇다　　　B. 아니다
3. 공학 분야 10개를 나열해 보자.
4. 로봇 팔(의수)을 만드는 것은 어떤 엔지니어의 업무일까?
5. 토목 엔지니어가 참여할 만한 프로젝트를 4개 나열해 보자.

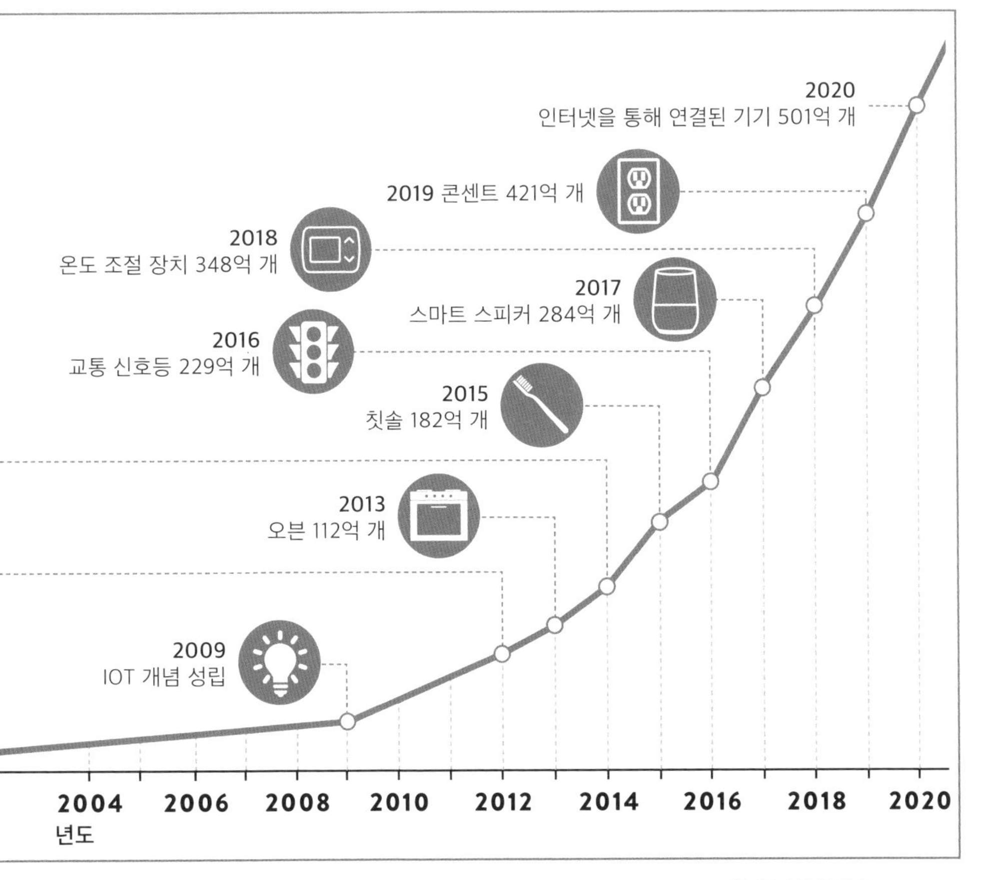

1.6 측정

공학은 세상을 측정하는 방법을 발견하고 수 세기에 걸쳐 발전시켜왔다. 덕분에 미터법 단위 등의 다양한 측정 시스템이 전 세계적으로 사용되고 있다. SI(국제단위계)는 과학자와 엔지니어가 아이디어를 전달할 때 혼동하지 않도록 7가지 기본 단위에 대한 측정 표준을 제공한다.

시간
기본 단위: 초(s)
특별한 상태의 세슘-133 원자가 9,192,631,770회 진동하는 데 걸리는 시간으로 정의된다.

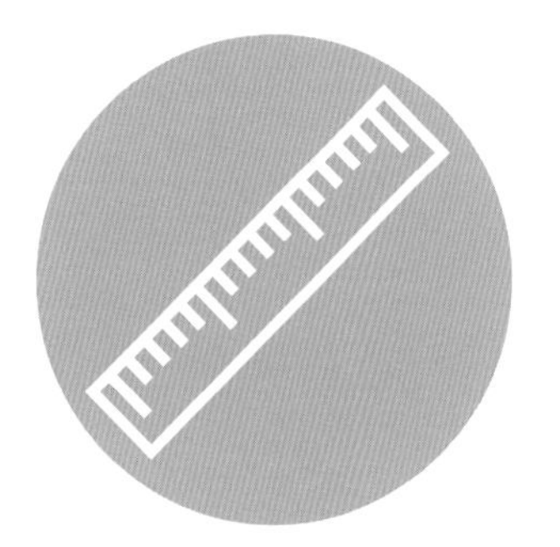

거리
기본 단위: 미터(m)
진공에서 빛이 299,792,458분의 1초 동안 이동하는 거리로 정의된다.

온도
기본 단위: 켈빈(K)
19세기 아일랜드의 물리학자 윌리엄 톰슨William Thomson과 켈빈 경Lord Kelvin은 가능한 최저 온도가 섭씨 -273도라고 계산했다. 그의 척도는 '볼츠만 상수'라고 부르는 움직이는 입자의 에너지에 연관된 질량(kg), 거리(m), 시간(s)에 연관되어 사용된다.

질량

기본 단위: 킬로그램(kg)

19세기 킬로그램은 프랑스에 보관된 금속 원통의 무게와 일치했다. 이제는 SI 단위 시간과 거리와 함께 '플랑크 상수'라고 불리는 빛 입자가 가지는 에너지의 수와 연관되어 정의된다.

전류

기본 단위: 암페어(A)

1초 동안 1쿨롱(C)이 흐르는 것으로 정의된다. 1쿨롱은 약 600경의 전하와 같다.

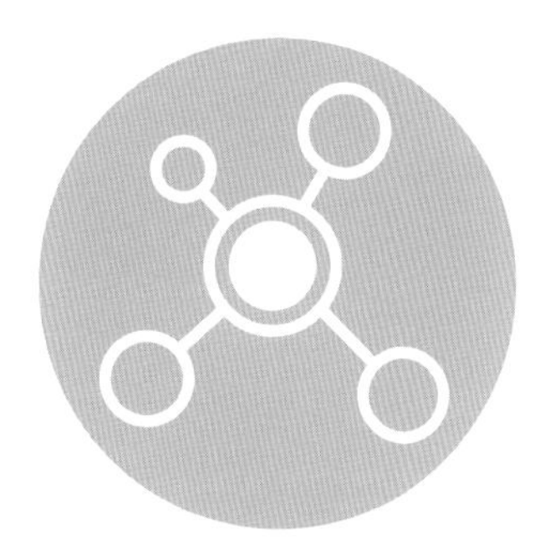

입자의 양

기본 단위: 몰(mol)

6.02214076×1023 입자로 정의된다.

밝기(광도)

기본 단위: 칸델라(cd)

특정 면적에 진동수 5.4×1,014의 빛이 1/683의 와트의 강도로 발출될 때의 광도이다.

퀴즈

공학이란 무엇일까?

1. 엔지니어가 제품을 만드는 가장 주된 이유는 무엇일까?

A. 과학과 기술을 좋아하기 때문에

B. 어떻게 사물이 작동하는지 알고 싶기 때문에

C. 해결해야 할 문제가 있기 때문에

D. 엔지니어들은 실용적이기 때문에

2. 다음 중 제품을 디자인할 때 가장 중요하게 따져봐야 하는 점은 무엇일까?

A. 외관

B. 가격

C. 안전성

D. 차별점

3. 메가 프로젝트의 기준액은 무엇인가?

A. 50만 달러 이상

B. 10억 달러 이상

C. 100억 달러 이상

D. 500억 달러 이상

4. 세계가 연결되고 기술이 발전하면서 2020년에는 몇 개의 사물이 인터넷을 통해 연결되었을까?

A. 500억 개 이상

B. 2천만 개 이상

C. 사물을 연결할 기술이 없을 것이기 때문에 전혀 연결되지 않을 것이다

D. 100억 개 이상

5. 알려진 첫 번째의 바퀴 발명 이후 오늘날 과학자들과 공학자들이 시속 300마일(480km)로 달리는 슈퍼 카 바퀴를 만들기까지 얼마나 걸렸을까?

A. 6000년

B. 2000년

C. 5500년

D. 400년

6. FMEA는 무엇을 뜻할까?

A. 모든 해답을 찾아라

B. 고장 모드와 영향 분석

C. 다섯 번의 실수와 열한 번의 회피

D. 공학을 사랑하는 마음

7. 다음 중 엔지니어가 참여하지 않을 것은 무엇일까?

A. 배기가스가 배출되지 않는 새로운 형태의 수송 방법 개발

B. 해저 매우 깊은 곳을 탐사하는 드릴 머신 개발

C. 핵폐기물을 안전하게 처분하는 방법을 개발

D. 새 비누의 마케팅 캠페인 개발

1장

간단 요약

엔지니어는 필요에 의해 무언가를 만든다. 그들은 문제를 해결하는 사람이다. 현대 공학은 우리를 기술 시대로 이끌었다.

- 발명품의 대부분은 새로운 것이 아니라 기존의 아이디어나 개념을 발전시켜 독창적으로 개선한 것이다.
- 팀에서 일하고, 문제를 해결하고, 계획하고, 조직하는 능력은 엔지니어에게 필수적인 고용 가능한 스킬이다.
- 공학 분야에서 수학은 핵심이며 숫자를 다루는 방법을 아는 것은 필수적이다.
- 엔지니어는 새로운 설계가 목적에 맞는지 확인하고, 제품이 안전하고 사양에 맞게 설계되었는지 확인하기 위해 제품을 테스트하고, 환경이 사람들에게 안전한지 확인하는 방법으로 사람들의 안전을 위해 노력한다.
- 엔지니어는 STEM 지식을 적용하여 주어진 문제에 대한 창의적인 해결책을 제시하고 이러한 아이디어를 현실로 만드는 방법을 찾는다.
- SI(국제표준계)는 과학자와 엔지니어가 아이디어를 전달하기 위해 사용하는 7가지 기본 측정 단위의 표준을 제공한다.

2

공학의 과학

엔지니어는 주변 세계가 어떻게 작용하는지 알면 더 효율적으로 작업을 수행할 수 있다. 비행기를 설계하거나, 새로운 의약품을 개발하거나, 박테리아의 유전자를 변형하는 등 자연의 법칙을 발견하는 것은 실험을 통해 아이디어를 검증하는 과학자들의 몫이다. 그런 다음 엔지니어들은 이 지식을 사용하여 설계가 작용하는 방식을 이해하고 가능한 한계선까지 기술을 끌어올릴 수 있다.

이번 장에서 배우는 것

- ∨과학에서 공학으로
- ∨숫자의 공학
- ∨과학에 사용되는 공학
- ∨미는 힘과 당기는 힘
- ∨사물을 구성하는 아주 작은 요소들
- ∨에너지의 균형

2.1 과학에서 공학으로

11세기 이집트의 이븐 알 하이텀Ibn al-Haytham의 글에서 이해한 것을 검증하기 위해 실험을 수행한다는 아이디어가 처음 발견되었지만, 17세기까지는 널리 받아들여지지 않았다. 망원경과 현미경이 발견된 후에야 훨씬 깊이 있는 실험이 가능하게 되었다.

고대의 지식

고대의 엔지니어들에게 과학적인 법칙은 없었지만, 그들은 실용적인 지식을 통해 스톤헨지 같은 건축물을 건설할 수 있었다. 이때 사용된 돌의 무게는 차 25대의 무게를 합친 것과 비슷했다. 돌을 들어 올리려면 지렛대와 도르래가 필요했고, 그것에 사용될 나무와 밧줄의 강도를 예측해야 했다. 또한 고대의 엔지니어들은 바닥이 넓을수록 구조가 더 안정적이라는 것을 알고 있었다. 때문에 이집트, 멕시코, 과테말라에서 발견된 것처럼 높은 구조물은 피라미드 형태를 띠게 된다. 이 시기 엔지니어들은 기

토막 상식

기자의 피라미드는 3800년 이상 동안 세계에서 가장 높은 구조물이었다. 그것은 230.4미터의 측면을 가진 바닥에서 정사각형으로 설계되었는데 측정값이 너무 정확해 길이의 평균 오차가 58밀리미터에 불과했다.

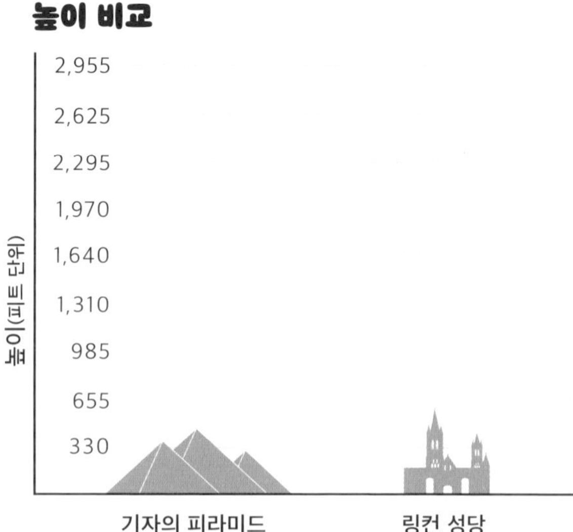

하학을 사용했는데 기하학은 "지구를 측정하기"라는 뜻의 그리스어에서 유래했다. 또한 고대의 건축물들은 종종 태양과 달과 별의 위치에 맞춰 배치되었다.

오늘날 지구상에서 가장 높은 건물인 두바이의 부르즈 할리파를 설계한 엔지니어들은 더 많은 지식을 필요로 했다. 지질학자들은 탑 아래에 있는 암석의 강도를 연구했고, 재료 과학자들은 콘크리트 혼합물이 서로 다른 온도에서 어떻게 수축하고 팽창하는지, 물리학자들은 돌풍이 건물의 모양과 어떻게 상호 작용하는지 연구했다. 건물이 변화하는 환경에 어떻게 반응할지 예측할 수 없다면 붕괴될 수도 있다.

쪽지 시험

1. 과학자들은 왜 실험을 할까?
2. 실험의 정의를 처음으로 쓴 사람은 누구일까?
3. 고대에 지어진 높은 건물들이 대부분 피라미드 모양을 한 이유는 무엇인가?
4. 지구에서 가장 높은 건물은 무엇일까?
5. 고층 빌딩을 지을 때 지질학자와 상의해야 하는 이유는 무엇일까?

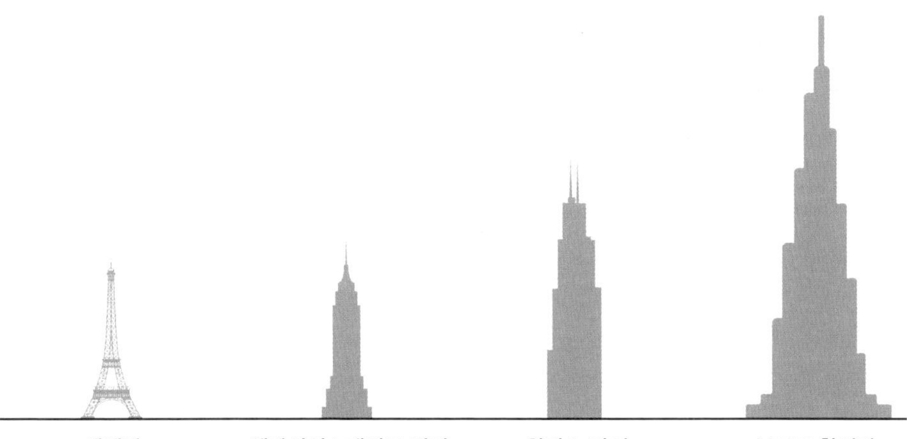

에펠탑	엠파이어스테이트 빌딩	윌리스 타워	부르즈 할리파
1889년	1931년	1973년	2010년
1,063피트(324미터)	1,250피트(381미터)	1,729피트(527미터)	2,717피트(828미터)

2.2 숫자의 공학

인공 심장을 설계하는 엔지니어는 압력 차이에 따른 혈액의 속도 차이와 적절한 양의 혈액을 펌프질하는 데 필요한 전력을 알아야 한다. 관의 폭이나 전류와 같은 측정을 통해 다양한 값이 주어질 수 있는데 이 숫자들은 공학 제품이 어떻게 실제 세계에서 작동할지 예측하는 수학적 패턴과 공식을 찾는 데 사용된다.

고대 그리스의 수학자 피타고라스Pythagoras가 대장장이 옆을 지나가다가 망치 두드리는 소리에서 조화를 발견했다는 이야기가 있다. 그는 망치를 조사하면서 망치의 크기가 수학적 형태를 보인다는 것을 발견해 음계를 숫자로 설명했고, 이후 악기 제작자들은 그 규칙을 사용해 악기를 디자인할 수 있었다. 숫자로 상황을 설명하고 숫자가 어떻게 변하는지 설명하는 규칙을 만드는 것을 "모델링"이라고 부른다.

기하학

엔지니어들은 3D 프린터를 사용하여 인공 심장, 의료용 임플란트 등을 위한 복잡한 부품을 만든다. 3D 프린터는 인쇄할 위치를 설명하는 데에 수학적 모델을 사용한다. 기하학은 각도, 길이, 면적 및 부피를 측정하여 모양을 모델링하는 수학의 한 분야로, 의료 엔지니어는 동맥을 통해 흐르는 혈액을 모델링할 때 동맥의 가로, 세로, 높이를 곱하여 혈액의 부피를 계산한다.

$$\text{부피} = \text{단면적} \times \text{길이}$$

동맥의 원형 단면적은 원 반지름의 제곱 원주율 π(3.14159……)을 곱하여 구한다. 이때 사용되는 3.14159는 원의 둘레와 지름의 비율로 π로 표시된다.

$$\text{부피} = \pi \times \text{반지름}^2 \times \text{길이}$$

고대부터 공학자들이 π를 사용해 왔지만, 최초로 정확한 방법으로 π의 값이 측정된 것은 1400년에 인도 수학자인 마다바Madhava가 소수 11번째 자리까지 계산한 것이다. 현대 컴퓨터 또한 그와 유사한 방법을 사용하여 소수점 이하 조 자리까지 계산할 수 있다.

측정 단위

초기 문명은 정해진 측정 단위의 중요성을 이해했다. 그들은 팔뚝, 손, 손가락을 사용해 거리를 나타내고 태양과 달의 주기를 사용해 시간을 나타냈다. 그러나 신체 부위는 사람마다 다르므로 정확하게 측정할 수 없다는 문제가 있었다. 오늘날에는 1천만 분의 1밀리미터만큼 작은 길이와 10억분의 1초만큼 짧은 시간을 정확하게 측정할 수 있으므로 모델을 만들고 예측하는 것이 더 정확해졌다.

단숨에 알아보기

인공 심장

인공 심장은 두 개의 펌프로 구성된다. 하나는 산소가 흡수되는 폐로 혈액을 펌프질하고 다른 하나는 세포에 산소를 전달하기 위해 신체의 나머지 부분에 혈액을 펌프질한다.

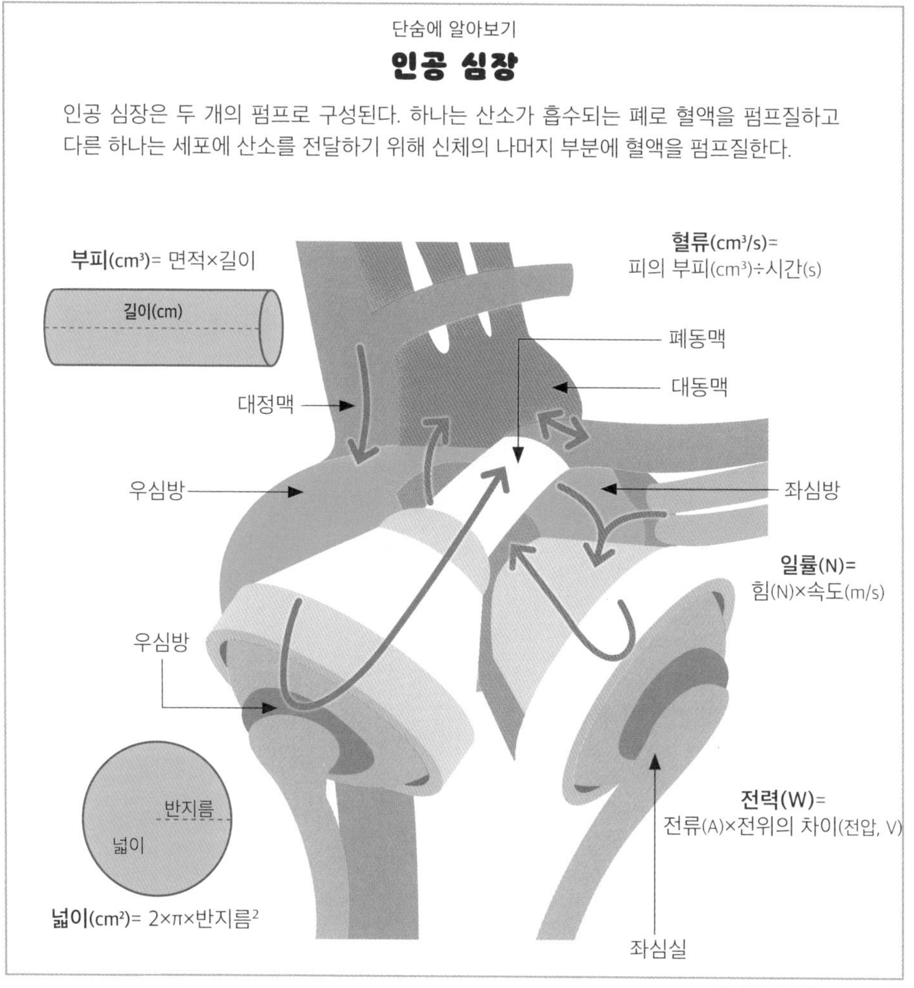

2.3 과학에 사용되는 공학

규모가 큰 공학 프로젝트 중 일부는 우리가 측정할 수 있는 가장 작은 것을 조사하는 실험을 구축하기 위해 착수되었고, 엔지니어들을 한계까지 밀어붙였다.

대형 강입자 충돌기(LHC)

대형 강입자 충돌기는 세계 최고의 원자 분쇄기이다. 이 기계는 머리카락 너비의 양성자 빔을 빛의 속도의 99.999999퍼센트까지 가속하고 반대 방향에서 똑같이 가속한 얇은 빔과 충돌시킨다. 이 충돌기의 초전도 전자석 고리는 길이가 27킬로미터에 달하며 지하 100미터에 묻혀 있다. 이 기기는 새로운 아원자 입자를 찾고 1초 안에 일어나는 수조 번의 충돌과 그로 인한 파편을 정확하게 추적할 수 있다.

중성미자 탐지기

초당 수십억 개의 중성미자가 몸을 통과하지만, 중성미자는 정상적인 물질과 거의 상호작용하지 않기 때문에 우리는 그것을 느낄 수 없다. 따라서 중성미자 탐지기는 최상의 기회를 얻기 위해 커야 하며, 우주 방사선에 의해 상쇄되는 것을 방지하기 위해 깊은 지하에 묻어야 한다. 수천 개의 매우 민감한 광 탐지기가 물을 둘러싸고 중성미자가 상호 작용할 때 발생하는 매우 작은 섬광을 탐지한다.

대형 강입자 충돌기는 입자를 너무 많은 에너지를 가진 채 충돌시키기 때문에 충돌하는 1초의 짧은 시간 동안 우주에서 가장 뜨거운 장소가 된다. 하지만 몇 인치 떨어진 곳에서 입자의 경로를 구부리는 초전도 자석은 우주에서 가장 추운 장소 중 하나가 될 정도로 매우 차갑게 유지되어야 한다.

초대형 망원경

세계에서 가장 성능 좋은 망원경에는 40미터 높이의 곡면 거울이 설치되어 있는데, 이것의 목적은 빛을 모으는 것이다. 이는 아직 완전히 완성되지는 않았지만 사람의 눈보다 1억 배 더 많은 빛을 포착할 수 있어 행성이 앞으로 나아갈 때 빛이 감소하는 것을 감지하여 먼 행성을 발견하는 데 사용된다.

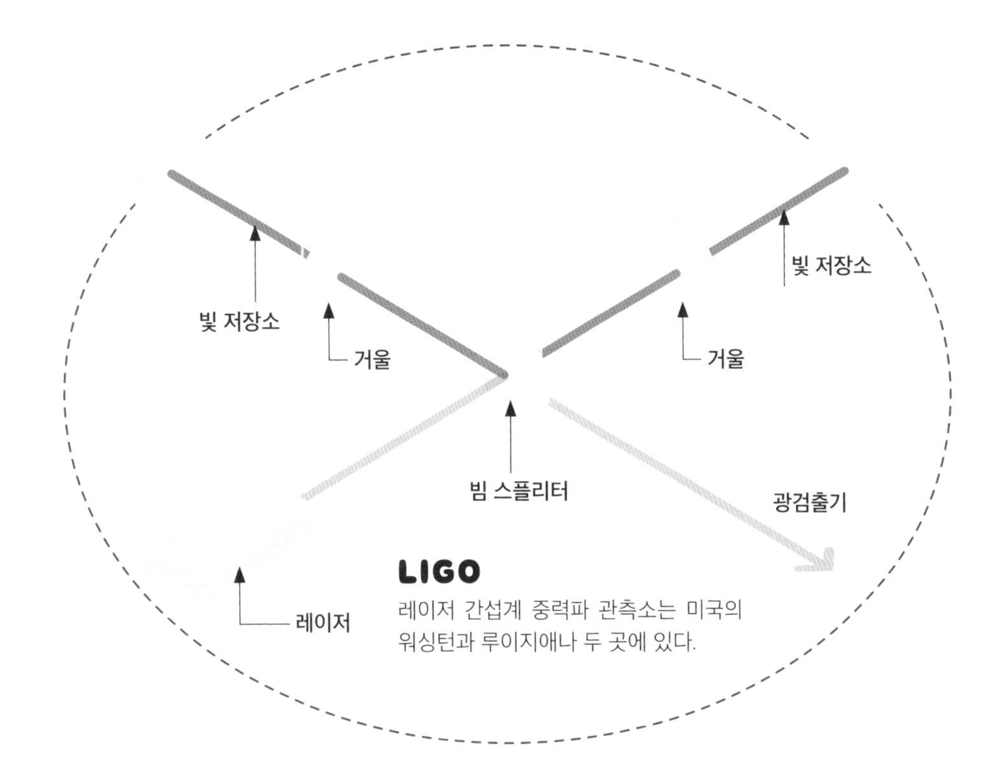

LIGO

중력파로 인한 시공간의 미세한 변화를 감지하도록 설계된 LIGO는 4킬로미터 길이의 진공실에서 레이저를 반사한다. 이는 양성자보다 짧은 이동도 감지할 수 있으므로 지나가는 기차나 멀리에서 일어난 지진으로 인한 약간의 흔들림에도 측정에 영향을 받는다. 때문에 엔지니어들은 레이저를 완벽하게 정지 상태로 유지하는 방법을 고안해야 했다.

쪽지 시험

1. 대형 강입자 충돌기를 구축하는 이유 중 하나는 무엇일까?
2. 중성미자 검출기의 크기는 왜 커야만 할까?
3. 초대형 망원경의 주요 목적은 무엇일까?
4. LIGO는 무엇을 감지하기 위해 만들어졌을까?

2.4 미는 힘과 당기는 힘

교량 설계가 안정적인지 또는 새로운 재료가 어떻게 작용할 것인지 예측하기 위해 엔지니어는 물체 또는 물체를 구성하는 입자가 밀고 당기는 방식을 모델링해야 한다. 물리학자들은 밀고 당기는 것을 "힘"이라고 부르고 공식을 사용해 은하만큼 큰 물체에서 원자처럼 작은 물체에 이르기까지 물체들이 서로에게 미치는 영향을 모델링하고 예측한다.

17세기 후반 영국의 물리학자 아이작 뉴턴Isaac Newton은 물체가 밀거나 당기는 방향으로 인해 물체의 속도가 빨라질 수 있다는 사실을 발견했다. '가속도'는 물체를 얼마나 세게 미는지와 밀리는 물체가 얼마나 무거운지에 달려 있다. 자전거를 밀기 위해서는 약간의 힘이 필요하지만, 자동차 엔진은 자전거 페달을 돌리는 것보다 훨씬 큰 힘을 요구한다.

비접촉 힘

중력과 정전기와 자력 같은 힘은 멀리서도 느낄 수 있다. 이것은 비접촉 힘이며 물체가 멀어질수록 힘이 약해진다.

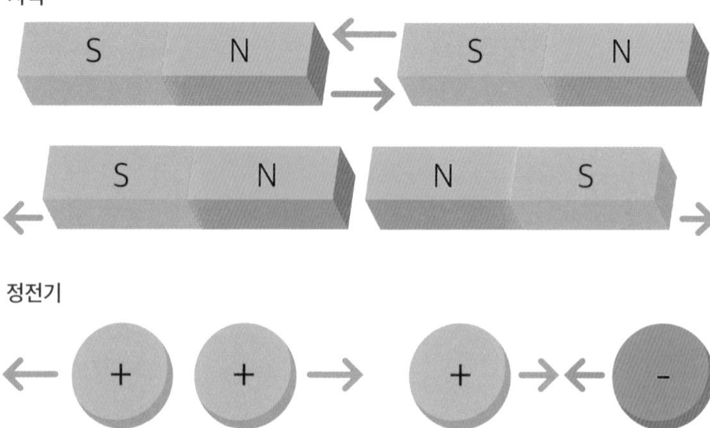

토막 상식 테니스 선수가 서브할 때 공이 라켓에 닿는 1초의 찰나의 순간에 테니스공의 속도는 0에서 약 초속 40미터의 속도로 변화한다. 이때 테니스 선수가 공보다 약 1,000배 무겁다는 것을 생각해 보면 사람을 그정도로 빠르게 움직이게 하는 데 필요한 힘은 약 자동차 6대의 무게와 같다.

두 배 큰 힘을 사용하면 같은 물체를 두 배 빠르게 가속하거나 두 배 무거운 물체를 같은 속도로 가속할 수 있다. 즉 힘은 질량과 가속도를 곱해 구한다.

힘(N)= 질량(kg)×가속도(m/s^2)

공식에 따라 질량이나 가속도가 커지면 그만큼 힘이 커진다는 것을 알 수 있다. 이는 실험 결과와도 매우 정확하게 일치하며 건설에서 우주여행에 이르기까지 거의 모든 분야에 사용된다. 힘을 측정하는 단위는 뉴턴(N)이다.

쪽지 시험

1. 힘이란 무엇일까?
2. 바로 지금 당신에게 작용하는 힘이 있을까? 그렇다고 생각하는 이유, 혹은 그렇지 않다고 생각하는 이유를 말해보자.
3. 자동차보다 자전거를 움직일 때 필요한 힘이 더 적은 이유는 무엇일까?
4. 로켓을 위로 밀어 올리는 힘은 무엇일까?

중력

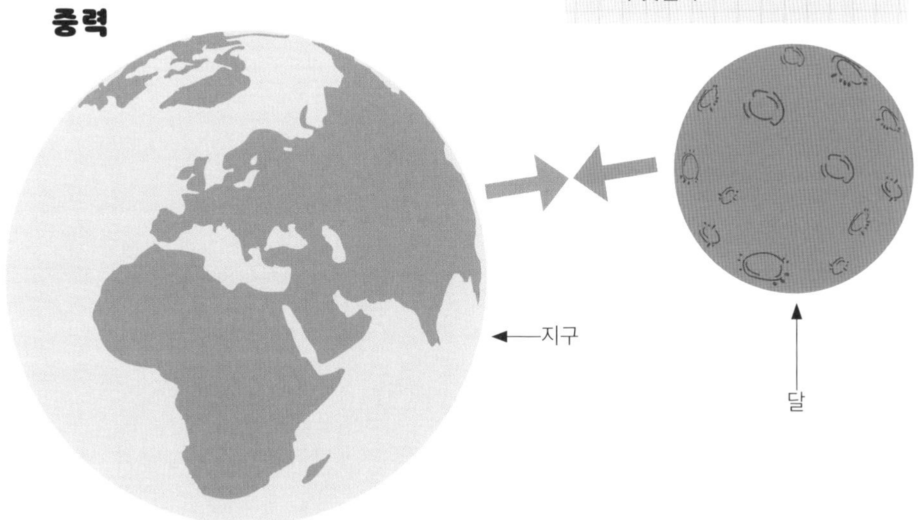

힘의 종류

접촉하는 물체에서는 미는 힘이 발생하는데 엔지니어들은 이것을 상황에 따라 다양한 이름으로 부른다.

마찰은 서로 맞대어 비비는 물체 사이에서 발생한다. 물체의 표면은 미세하게 울퉁불퉁하므로 마찰이 발생한다.

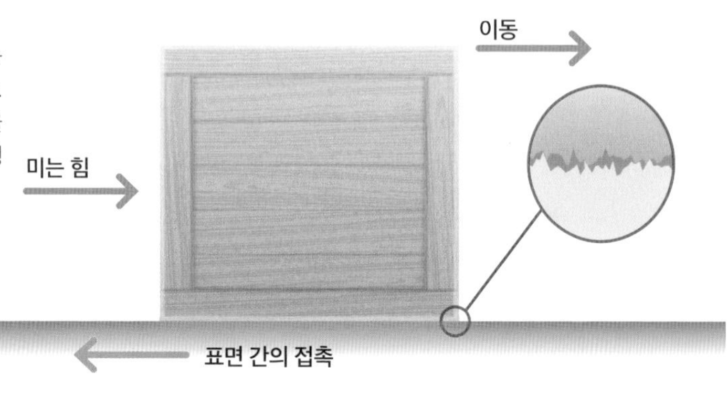

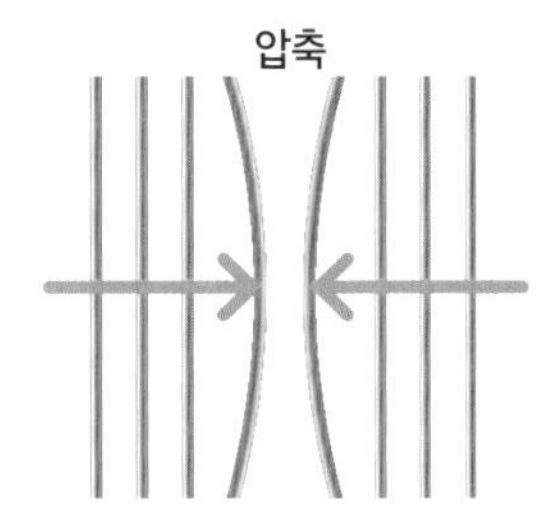

압축력은 물체가 눌리는 힘이다.

장력은 물체가 늘려지는 힘이다. 기둥에 무게를 실으면 한쪽에서는 압축력이 발생하고, 다른 쪽에서는 장력이 발생한다.

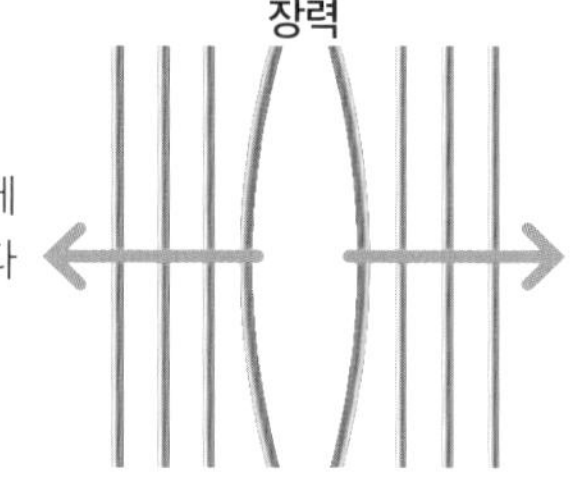

벽에 기대게 되면 벽이 반대로 몸을 민다. 이러한 종류의 힘을 **수직 항력**이라고 부른다.

공기 저항력은 공기를 가로질러 움직일 때 공기를 밀면서 발생하는 힘이다. 빠르게 움직일수록 더 큰 저항을 느끼게 된다.

부력 또는 밀어 올리는 힘은 떠다니는 모든 것에 작용하는 힘이다. 배는 밀려나는 물보다 가벼우므로 물 위에 뜬다.

추진력은 앞으로 밀어내는 힘이다.

자동차가 일정한 속도로 움직일 때 엔진의 전진 추력은 자동차의 움직이는 부분에서 공기 저항과 마찰로 인해 발생하는 반대 방향으로의 항력과 균형을 이룬다. 자동차는 항력을 줄이기 위해 유선형 모양을 가지고 있으며 마찰을 줄이기 위해 기름을 사용하기도 한다.

힘의 균형

중력이나 공기 저항, 또는 마찰 없이 깊은 우주를 비행하면 힘이 작용하지 않기 때문에 영원히 직진할 것이다. 우리는 지구가 우리 몸을 아래로 당기거나 대기가 사방에서 우리를 밀어내는 것을 거의 알아차리지 못한다. 모든 힘이 서로 밀거나 당기면서 균형을 이루고 전체적인 합력을 만들지 않기 때문이다.

반력

무거운 물건을 앞으로 던지면 몸이 뒤로 밀려나는 느낌이 든다. 이렇게 모든 힘은 짝을 이루고 있으며 반대로 발생하는 힘을 '반력'이라고 한다. 반력의 세기는 항상 처음 작용한 힘과 같고 반대 방향으로 발생한다. 이것이 바로 로켓이 작동하는 방식이다. 연료는 폭발하면서 가스로 변해 팽창한다. 마찬가지로 로켓 아래쪽에서 폭발이 일어나면 가스가 로켓을 밀어 올려 이륙한다.

2.5 사물을 구성하는 아주 작은 요소들

모든 것은 '원자'라고 불리는 작은 입자로 이루어져 있다. 마침표 하나를 인쇄하는데 쓰인 잉크에는 약 10조 개의 원자가 있다. 서로 다른 물질이 만나면 원자끼리 달라붙고 배열되는 방식에서 특성을 얻는다. 또한 화학 반응에서 원자들은 새로운 물질을 만들기 위해 재배열한다. 지금까지 약 6천만 개의 다른 물질이 발견되었다.

원자는 '양성자', '중성자', '전자'라는 훨씬 더 작은 입자로 만들어진다. 양성자와 전자는 정전기력으로 서로를 밀고 당긴다. 원자핵에 있는 양의 양성자는 궤도를 도는 음의 전자를 끌어당긴다. 같은 전하를 가진 물체는 반발하여 서로 가까이 있을 수 없으므로 각 전자는 핵의 다른 궤도에 머문다. 하나의 양성자를

주기율표

주기율표는 모든 다른 요소들을 나열한다.
가장 가벼운 요소는 상단에 있으며 약 20개의 요소만 비금속이다.

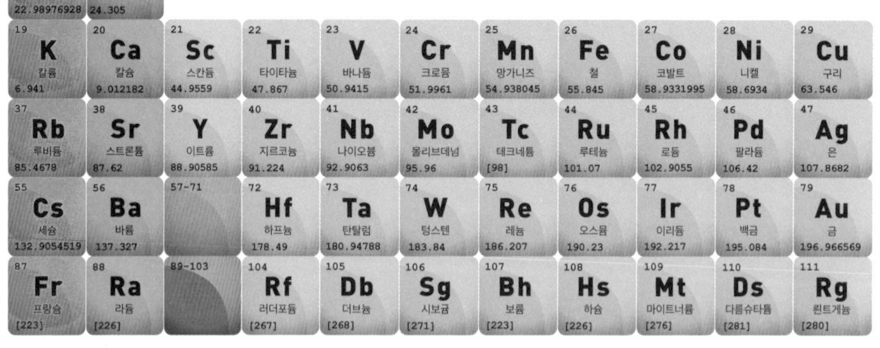

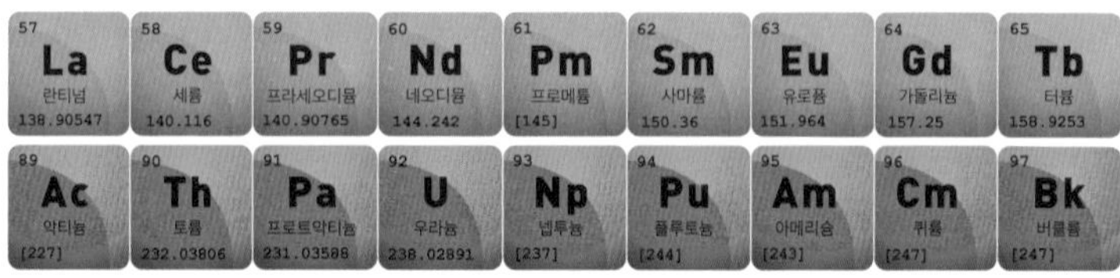

알칼리 금속 알칼리 토금속 전이 금속 란타넘족 악티늄족 전이 후 금속

원자의 해부학

원자의 거의 모든 질량이 핵에 있지만, 사실 핵은 매우 작다. 원자가 축구장 크기라면 핵은 포도알 정도의 크기이다. 즉 궤도가 그려지는 원자 내의 대부분이 빈 공간이라는 것을 뜻한다.

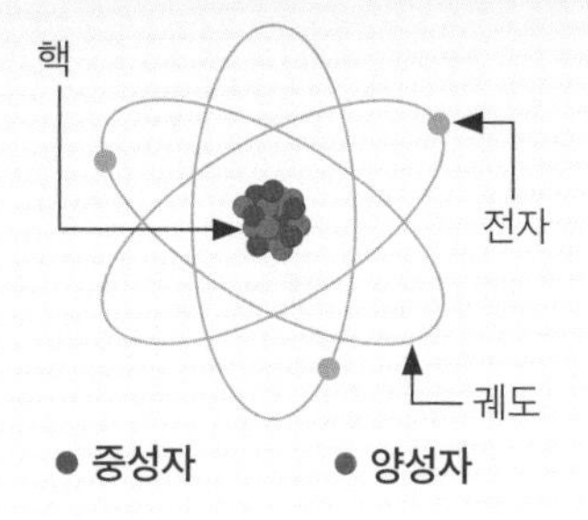

가진 원자는 원자 번호가 1이고 모두 비슷하게 작용한다. 원자 번호 1은 수소이며, 원자 번호와 반응 방식에 따라 배열된 주기율표에서 지금까지 발견된 모든 원소를 찾을 수 있다. 산소나 철과 같은 일부 요소는 일상에서도 쉽게 볼 수 있지만 어떤 요소들은 실험실에서만 볼 수 있다. 2002년에 과학자들은 118개의 양성자를 가진 가장 큰 원자 '오가네손'을 발견했다. 2005년 이후 발견된 원자는 단 5개에 불과하다.

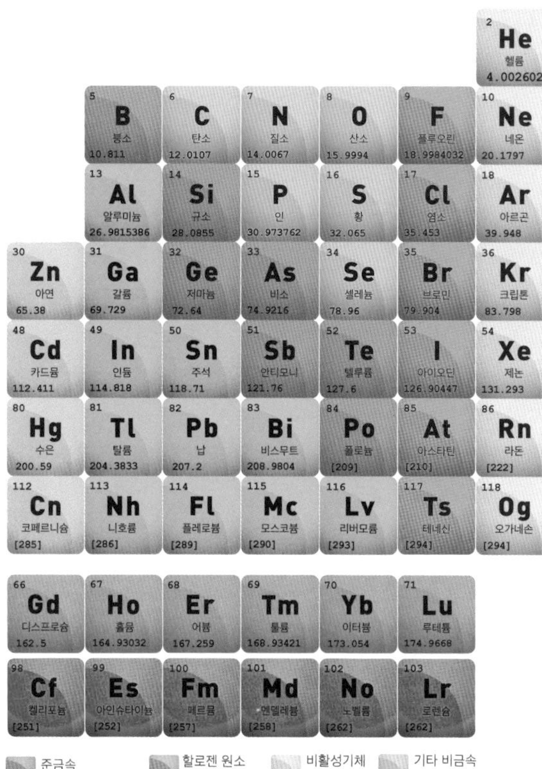

 준금속  할로젠 원소 비활성기체 기타 비금속

쪽지 시험

1. 원자들이 재배열하여 새로운 물질을 형성하게 하는 것은 무엇일까?
2. 원자는 무엇으로 만들어졌을까?
3. 전자의 전하량은 얼마일까?
4. 원자가 다른 원자와 결합하는 이유는 무엇일까?
5. 분자 사이의 약한 결합을 뭐라고 부를까?

결합하는 원자들

때때로 원자의 외부 전자는 다른 원자의 핵을 끌어당기기 때문에 원자끼리 붙거나 결합하기도 한다. 원자들은 분자를 형성하기 위해 특정 모양으로 밀접하게 결합하거나 결정을 형성하기 위해 반복적인 패턴으로 정렬할 수 있다. 이러한 결합은 화학 반응을 통해서 끊어지고 형성된다.

물 분자는 하나의 산소 원자와 두 개의 수소 원자가 단단히 결합한 상태이지만, 분자 간 결합은 약하다. 물 분자가 규칙적인 패턴으로 배열되면 얼음이 형성된다. 또한 물을 가열하면 분자 간 결합이 끊어지면서 얼음이 녹는다.

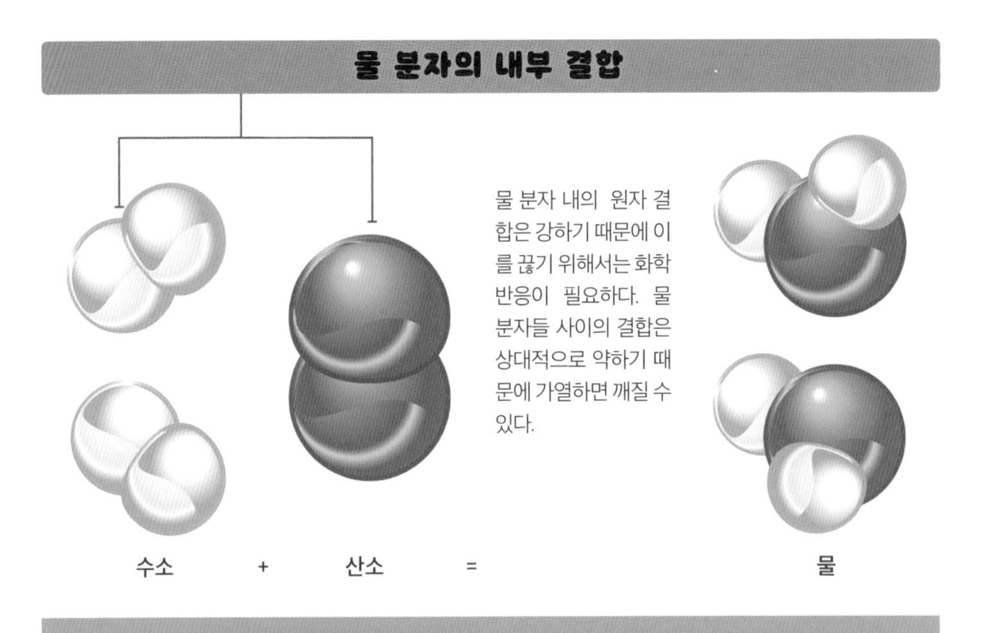

탄소 나노 튜브를 평평하게 펴면 '그래핀'이라는 얇은 물질이 생성된다. 그래핀은 지금까지 발견된 물질 중 가장 강력하며 가로와 세로가 각각 1미터인 정사각형 시트로 고양이 한 마리(약 4킬로그램)를 지탱할 수 있지만, 그 무게는 고양이 수염 한 올 정도에 불과하다. 그러나 실제로 이렇게 큰 시트를 만드는 것은 아직 불가능하다.

나노 기술

반타블랙은 세상에서 가장 어두운 색이다. 반타블랙이 이토록 어두운 이유는 표면이 원자 몇 개에 불과한 수직 튜브 배열로 만들어졌기 때문이다. 빛이 이 색에 닿으면 튜브에 갇혀 반사되지 않는다. 이처럼 나노 기술은 수백 개의 원자로 만들어진 흥미로운 구조의 특성을 활용하여 다양한 분야에 적용될 수 있다.

반타블랙에 사용되는 것과 같은 탄소 나노 튜브를 다른 물질에 첨가하면 강도를 높일 수 있어 풍력 터빈과 야구 방망이 등을 만드는 데 사용된다. 은 나노 입자는 박테리아를 죽이는 것으로 밝혀졌으며, 상처가 더 빨리 치유되도록 붕대에 사용할 수도 있다.

탄소 나노 튜브

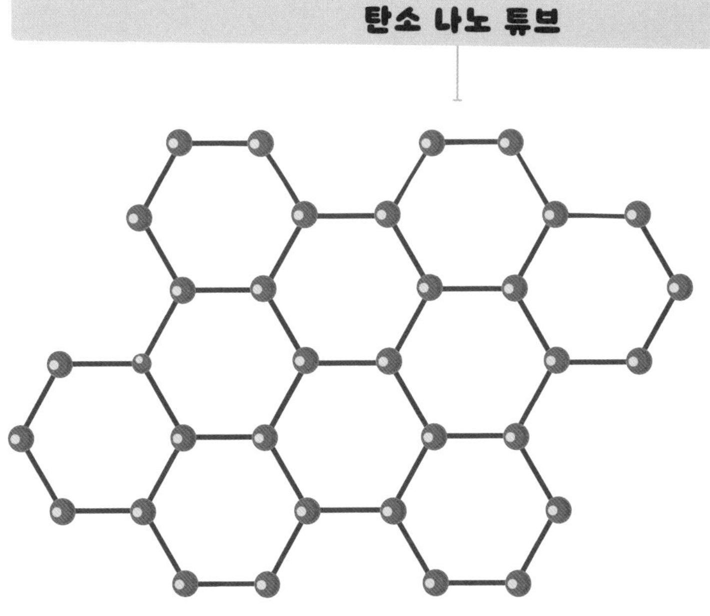

빨간색 점은 탄소 원자를 나타내고, 파란색 선은 탄소 원자를 연결하는 강한 결합을 나타낸다. 탄소 나노 튜브는 강하고 가벼우며 전기와 열에 대한 전도율이 높다.

2.6 에너지의 균형

1840년대에 스코틀랜드의 양조업자 겸 과학자인 제임스 줄James Joule은 폭포 바닥의 물이 꼭대기의 물보다 약간 더 따뜻하다는 것을 확인했다. 그는 낙하로 인한 물의 움직임과 온도의 변화를 표현하는 계산법을 통해 이 현상을 설명했다. 이 양을 '에너지'라고 하며 측정 단위는 줄(J)이다.

변화 전 계산된 수치와 변화 후 수치가 같으므로 '에너지가 보존된다'고 표현한다. 에너지는 생성하거나 소멸하지 않으며 다른 저장소로 이동할 뿐이다.

저장 및 전송

폭포의 물은 중력에 의해 당겨진다. 때문에 변화 이전에는 중력으로 에너지를 저장하고 있었다고 말할 수 있다. 낙하할 때 물이 중력에 의해 당겨지고 속도가 빨라지면 에너지가 전달된다. 물의 운동에너지로 인해 더 많은 에너지가 이동함에 따라 저장된 에너지는 점점 줄어든다. 폭포 바닥에서 물은 빠르게 흐르지 못하고 분자끼리 서로를 밀어서 더 많이 진동한다. 물 분자가 더 빨리 진동함에 따라 운동에너지가 열에너지로 전환되어 저장된다.

번개는 1000분의 1초 동안 최대 100억 줄의 에너지를 전달할 수 있는데 이것은 LED 전구에 3년 이상 전력을 공급할 수 있는 양이다.

단숨에 알아보기

폭포의 에너지

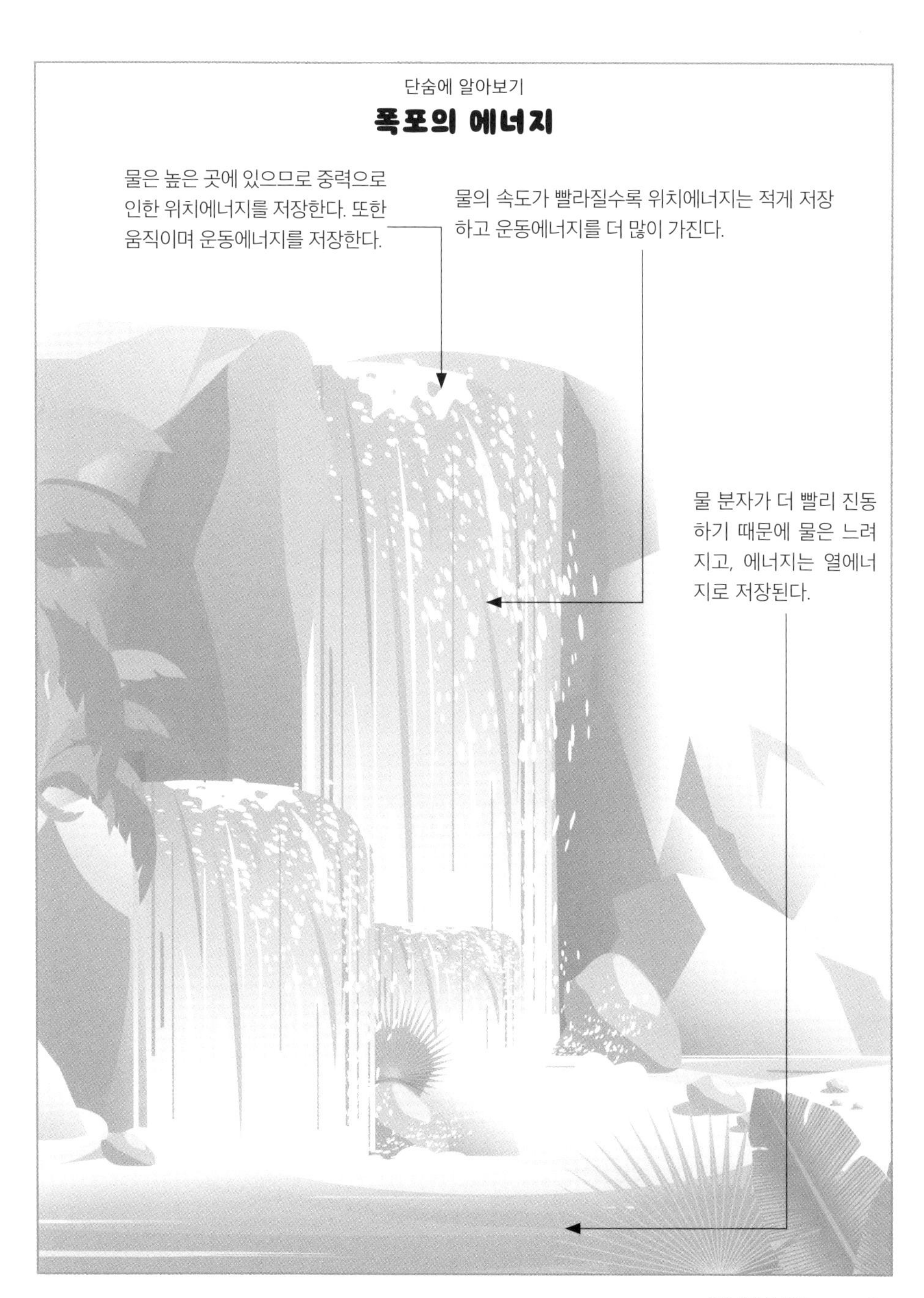

저장된 에너지

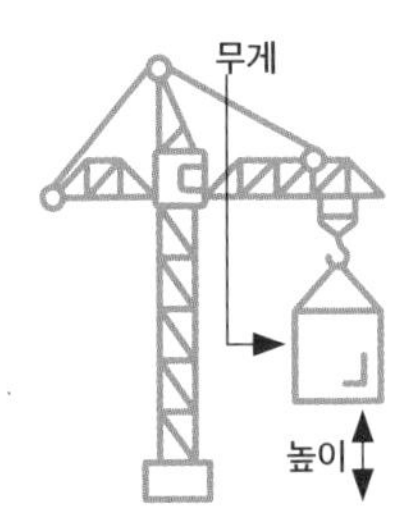

중력

중력으로 인한 위치에너지는 물체의 무게와 높이에 따라 달라진다. 크레인은 물건을 들어 올려 에너지를 저장한다.

저장된 에너지= 무게(N)×높이(m)

저장된 에너지(J)= $\frac{1}{2}$×질량(kg)×속도²(m/s)

운동

운동에너지는 물체의 질량과 속도에 따라 달라진다. 여객기는 무겁고 빠르므로 많은 운동에너지를 저장한다.

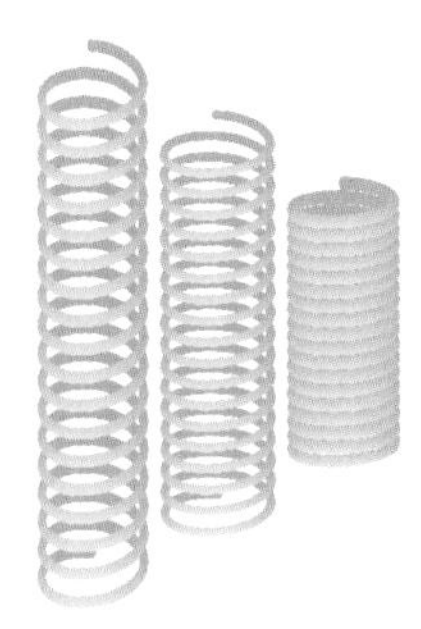

탄성

스프링이나 번지 로프를 더 멀리 늘릴수록 더 많은 에너지가 저장된다. 더 단단한 스프링은 더 많은 에너지를 저장한다. 자동차 서스펜션 스프링은 충돌로 인한 에너지를 흡수한다.

열

물체가 주변보다 더 뜨거울수록 더 많은 에너지를 저장할 수 있다. 열에너지 저장을 위해서는 절연 처리를 해야만 한다. 절연 처리가 되지 않으면 에너지가 빠져나간다. 진공 플라스크는 그런 문제를 해결할 수 있다.

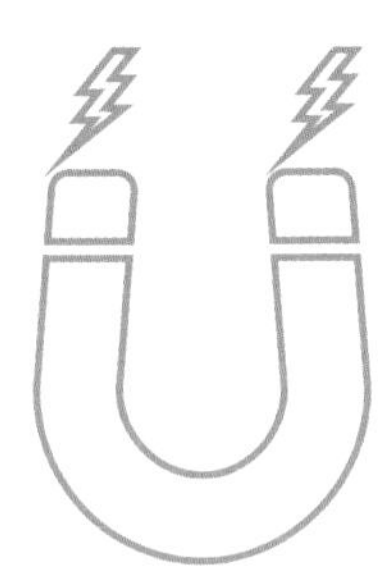

자성

자석을 더 강하게 만들면 더 많은 에너지를 저장한다. 자석의 에너지는 쓰레기를 재활용할 때 사용되기도 한다.

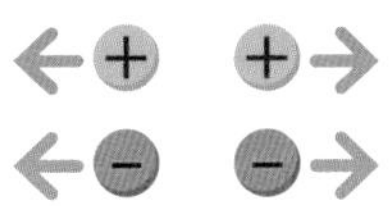

정전기

전자가 원자핵에서 멀어질수록 더 많은 에너지를 얻는다. 축전기는 이런 방식으로 에너지를 저장하는 전기 장치이다.

화학

연료를 태우면 원자가 공기와 반응하여 에너지를 방출한다. 연료는 에너지 저장고라고 할 수 있다. 배터리와 음식은 화학적 에너지 저장소이다.

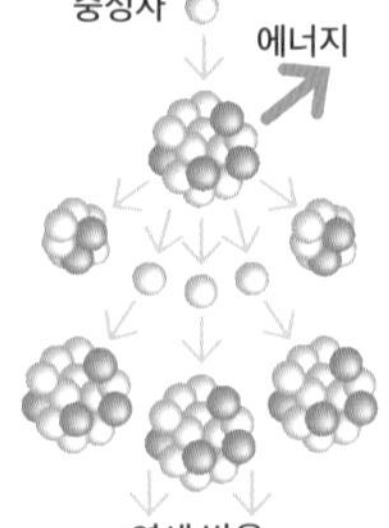

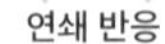

원자

때때로 원자의 핵이 변하면 많은 에너지를 방출한다. 원자력 발전소는 이러한 핵반응의 에너지를 사용해 전기를 생산한다.

에너지의 이동

밀고 당기기

밀고 당기는 것은 스프링에 에너지를 저장하거나 물건을 들어 올리거나 더 빠르게 만드는 데 사용할 수 있다. 크레인은 물건을 들어 올려 중력 에너지를 저장한다.

전기

전기는 전자를 밀어 전선을 통해 흐르게 함으로써 에너지를 전달한다. 장거리에 걸쳐 매우 빠르게 에너지를 전달하는 좋은 방법이다.

빛

우리는 에너지를 전달할 수 있는 빛 중 일부만 볼 수 있다. 전파, 마이크로파 및 엑스선은 유사한 방식으로 에너지를 전달하지만, 우리 눈에는 보이지 않는다.

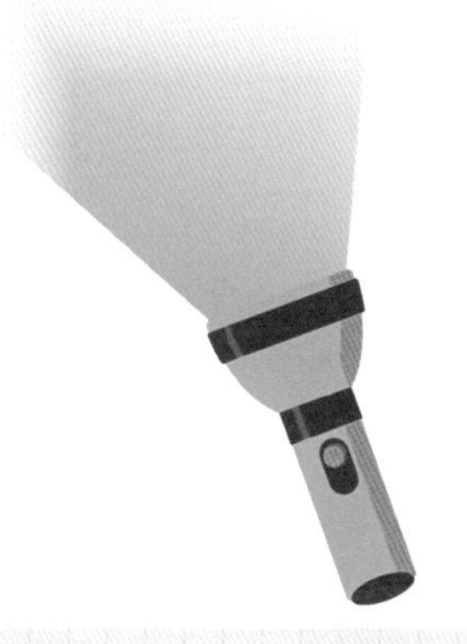

열

열은 뜨거운 원자와 분자가 더 차가운 원자와 충돌할 때 전도를 통해 발생한다. 이것이 열이 냄비 바닥을 통해 이동하는 방식이다. 뜨거운 물체가 적외선 파장을 방출하면 복사 형태로 열이 전달되기도 한다. 토스터에서 빵이 구워지는 방식이 그렇다.

쪽지 시험

1. 에너지의 단위는 무엇일까?
2. 폭포의 물은 왜 위쪽보다 아래쪽이 더 따뜻할까?
3. 운동에너지란 무엇일까?
4. 에너지가 저장되는 8가지 유형을 말해보자.

퀴즈

공학의 과학

1. 고대 엔지니어들은 그들의 건물 설계가 안정적이라는 것을 어떻게 확인했을까?
   A. 과학 법칙을 사용해 확인
   B. 실험을 통해 확인
   C. 실용적인 지식을 통해 확인
   D. 책에서 이전 시대에 사용했던 디자인을 학습

2. 원주율을 계산하는 정확한 방법은 어디에서 발견되었을까?
   A. 인도
   B. 중국
   C. 이집트
   D. 영국

3. 최초의 거리 측정 단위는 무엇을 기반으로 했을까?
   A. 동물의 길이
   B. 신체 부위의 길이
   C. 두 도시 사이의 거리
   D. 막대기의 길이

4. 두 표면이 서로 마찰할 때 움직임에 저항하는 힘의 이름은 무엇일까?
   A. 부력
   B. 마찰
   C. 수직항력
   D. 추력

5. 차량의 속도를 결정하는 두 가지 주요 힘은 무엇일까?
   A. 추력 및 공기 저항
   B. 무게와 수직항력
   C. 추력과 부력
   D. 무게와 공기

6. 지금까지 발견된 물질은 대략 몇 개일까?
   A. 6,000개
   B. 60만 개
   C. 6,000만 개
   D. 60억 개

7. 붕대에 은 나노 입자를 넣는 이유는 무엇일까?
   A. 빛나게 하려고
   B. 방수 처리하기 위해
   C. 피부를 더 빨리 재생하기 위해
   D. 항균 효과를 위해

8. 물 분자는 무엇으로 만들어질까?
   A. 산소 원자 2개와 수소 원자 1개
   B. 탄소 원자 1개와 산소 원자 2개
   C. 탄소 원자 1개와 수소 원자 2개
   D. 산소 원자 1개와 수소 원자 2개

9. 다음 중 에너지를 전달하는 방법으로 옳지 않은 것은 무엇일까?
   A. 운동
   B. 전기
   C. 열
   D. 중력

2장

간단 요약

자연의 법칙을 발견하는 것은 실험을 통해 아이디어를 검증하는 과학자들의 몫이다. 그 후 엔지니어는 이 지식을 사용하여 설계가 작동할 방식을 이해하고 가능한 한도 내에서 기술을 활용할 수 있다.

- 검증을 위해 실험을 수행한다는 아이디어는 11세기 이집트에 살았던 이븐 알 하이텀의 글에서 처음 발견되었지만, 17세기까지 널리 받아들여지지 않았다.
- 공학적으로 설계된 개체가 실제 세계에서 어떻게 작동할지 예측하기 위해서는 수학적 패턴과 공식이 필요하고, 이 과정에서 숫자가 사용된다.
- 큰 공학 프로젝트 중 어떤 것은 아이러니하게도 우리가 측정할 수 있는 가장 작은 것을 조사하는 실험을 구축하기 위한 것이다.
- 두 배 큰 힘을 사용하면 물체를 두 배 속도로 가속하거나 두 배 무거운 물체를 가속할 수 있다. 따라서 힘은 질량과 가속도를 곱해 계산된다. 힘(N)= 질량(kg)×가속도(m/s2).
- 모든 것은 '원자'라는 작은 입자로 이루어져 있다. 서로 다른 물질은 원자가 서로 달라붙고 배열되는 방식과 화학 반응에서 원자가 재배열되어 새로운 물질을 만드는 방식에서 특성을 얻는다.
- 나노 기술은 수백 개의 원자로 구성된 구조의 흥미로운 특성을 사용한다.
- 에너지는 변화하지만, 총량은 보존된다. 즉 에너지는 생성되거나 파괴될 수 없고 저장소 간을 이동하기만 한다.

3 건축

인간은 수천 년 동안 인류를 안전하고 따뜻하게 지켜줄 공학적인 구조를 만들어왔다. 건축 구조를 설계한다는 것은 물체가 무너지지 않도록 하는 힘을 이해하는 것이다. 오늘날의 건물 디자인은 환경친화적이면서 가볍고 강한 재료를 효율적인 방식으로 조합해 사용하며, 하늘과 그 너머에 닿을 수 있도록 더욱 발전한다.

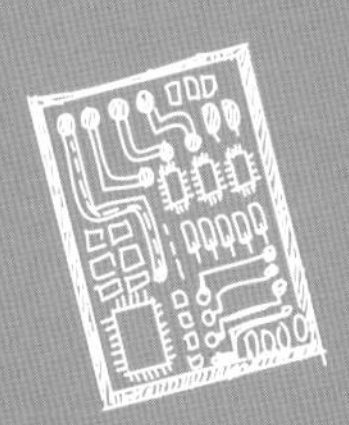

이번 장에서 배우는 것

∨ 고대의 건축
∨ 고도의 제한
∨ 다리 건설하기
∨ 깊게 땅파기
∨ 다른 세계에 정착하기

3.1 고대의 건축

인류의 조상이 자연적인 구조물이 아닌 인위적인 피난처를 건설하기 시작한 정확한 시기와 방법은 아무도 모른다. 초기 형태의 건축은 오늘날에 이르러서는 모두 사라졌을 것이다. 하지만 우리는 기원전 1만 년까지 사람들이 큰 돌로 만든 튼튼한 구조물을 지었다는 사실을 알고 있다.

터키 괴베클리 테페(Göbekli Tepe)의 구석기 시대 유적지는 세계에서 가장 오래된 건축물 중 하나이다. 기원전 9000년경에 지어진 것으로 유추되는 이 돌들은 한때 사람들이 예배를 드리기 위해 모이는 사원이었을 것으로 보인다. 이는 사람들이 돌로 집을 짓기도 전부터 종교 의식을 위한 기념물을 지었음을 시사한다. 또한 무리를 지은 사람들이 농작물과 가축의 형태로 식량을 수집하면서 이 장소 근처에 영구적으로 정착했을 것으로 보인다. 새로운 농업 문화인 신석기 시대 혁명을 통해 사람들은 더 크고 정교한 건물을 개발하는 데 시간을 할애할 수 있었다.

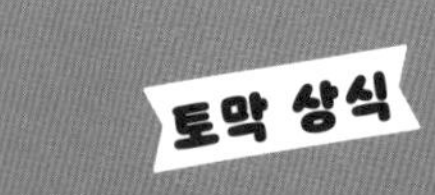

가장 오래된 건축물의 흔적은 여전히 호주의 바원강에서 볼 수 있다. 4만년 이상 된 것으로 보이는 이 구조물은 인간의 독창성을 나타내는 진정한 고대 건축물의 사례이다. 이 건축물은 고대 원주민들이 상류에서 헤엄치는 물고기를 잡기 위해 지은 것으로 이곳에서 잔치를 벌이기 위해 사방에서 사람들이 모여들었을 것으로 예상된다.

4000~5000년 전에 단계적으로 지어진 영국의 스톤헨지는 가장 유명한 청동기 시대 건축물 중 하나이다. 큰 돌들은 30킬로미터 이상 떨어진 곳에서 끌어온 사암으로 만들어졌다. 또한 단단한 돌망치를 사용하여 조각됐는데 모서리는 특별히 서로 고정되도록 조각되었다.

돌 쌓기

현존하는 고대 건축물의 대부분은 조각된 돌을 무너지지 않도록 쌓은 것이다. 피라미드와 지구라트(거대한 계단식 구조)는 오랜 세월을 견뎌낸 돌 건축의 유명한 예시이다. 이 건축물들은 영구적인 구조로 추도의 목적이나 무덤으로 지어졌다.

돌을 쌓아 올리기 위해서는 기술적 혁신이 필요했다. 덕분에 돌보다 단단한 금속을 개발하게 되었다. 초기 금속 도구는 '공작석'이라고 불리는 광석에서 쉽게 추출할 수 있는 구리로 만들어졌지만, 구리는 너무 부드러워서 화강암과 같은 단단한 암석을 효율적으로 절단할 수 없었다. 따라서 약 5000년 전 사람들은 주석과 구리를 혼합해 구리보다 단단한 합금 청동을 만들어냈다. 이후 사용된 철은 청동보다 더 단단했고, 철광석을 제련함으로써 튼튼한 건축 자재를 더 정밀하게 조각할 수 있게 되어 기술과 건축을 새로운 시대로 이끌었다.

쪽지 시험

1. 기원전 9000년경 터키의 괴베클리 테페에 지어진 구조물은 무엇을 위해 사용되었을까?
2. 무엇이 사람들이 더 크고 내구성 있는 구조물을 짓는데 도움이 되었을까?
3. 피라미드와 지구라트의 목적은 무엇이었을까?
4. 호주 바원강에 있는 물고기 덫은 몇 년 전에 만들어진 것일까?
5. 영국 스톤헨지의 큰 돌은 무엇으로 만들어졌을까?

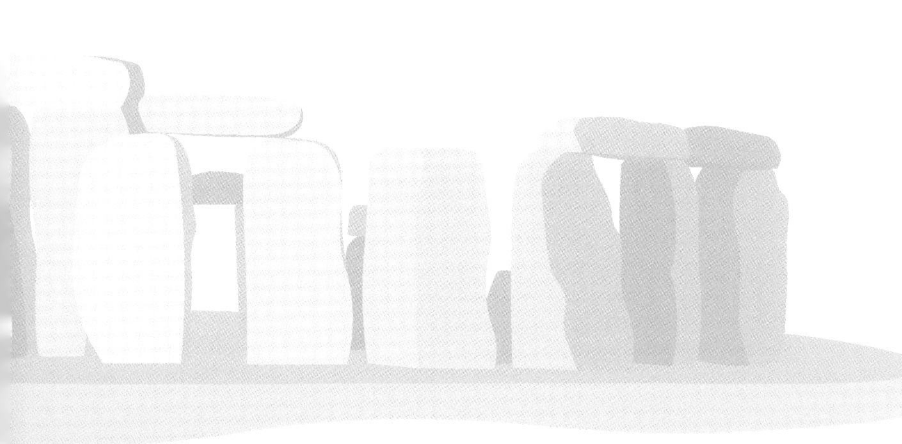

3.2 고도의 제한

블록을 천장에 닿도록 쌓아본 사람이라면 누구나 알겠지만, 블록을 하나 더 쌓을 때마다 조금씩 휘청이다가 결국 넘어지고 만다. 그런 이유로 피라미드와 지구라트처럼 수천 년간 가장 높은 건물의 지위를 유지한 건물들은 넓은 바닥 위에 언덕처럼 지어졌다.

건물을 더 높이 지으려는 시도 중 일부는 종교적인 이유에서 시작되었다. 당시 인류는 장엄하고 강력한 느낌을 주는 거대한 대성당을 건설했다. 건축가는 돌을 옮길 때 '버트레스'라고 불리는 각진 지지대로 힘을 교묘하게 분산시키는 방법을 고안했다. 그런데도 이 동굴 같은 건물의 내부는 어둡고 우중충했다. 큰 창문을 두면 무거운 벽이 불안정해져 모든 간격이 좁고 작아야 했기 때문이다.

중세 시대에 엔지니어들은 하중을 수평으로 분산시키는 아치를 사용하면 사용하는 돌의 양을 줄일 수 있다는 사실을 발견했다. 버트레스가 가늘어지면서 날씬해 보이기 때문에 '플라잉 버트레스'라는 이름이 붙었다. 창의 윗면은 둥글거나 약간 뾰족한 모양으로 튼튼하게 만들어서 크기를 키웠다.

구름 사이의 집

19세기 산업혁명은 더 많은 사람을 도시로 유입시켰고, 더 많은 주택과 사무실에 대한 수요를 만들었다. 건물을 짓는 것이 유일한 선택이었지만 큰 지지대를 세울 공간이 거의 없었을뿐더러 아무도 매일 10층의 계단을 오르고 싶어 하지 않았다.

이집트 카이로에 있는 기자 피라미드는 거의 4000년 동안 세계에서 가장 높은 구조물이었다. 146미터가 조금 넘는 이 건축물의 기록은 영국의 링컨 대성당이 1311년에 새로운 중앙 탑을 추가할 때까지 깨지지 않았다. 링컨 대성당의 첨탑의 높이는 160미터에 달했다.

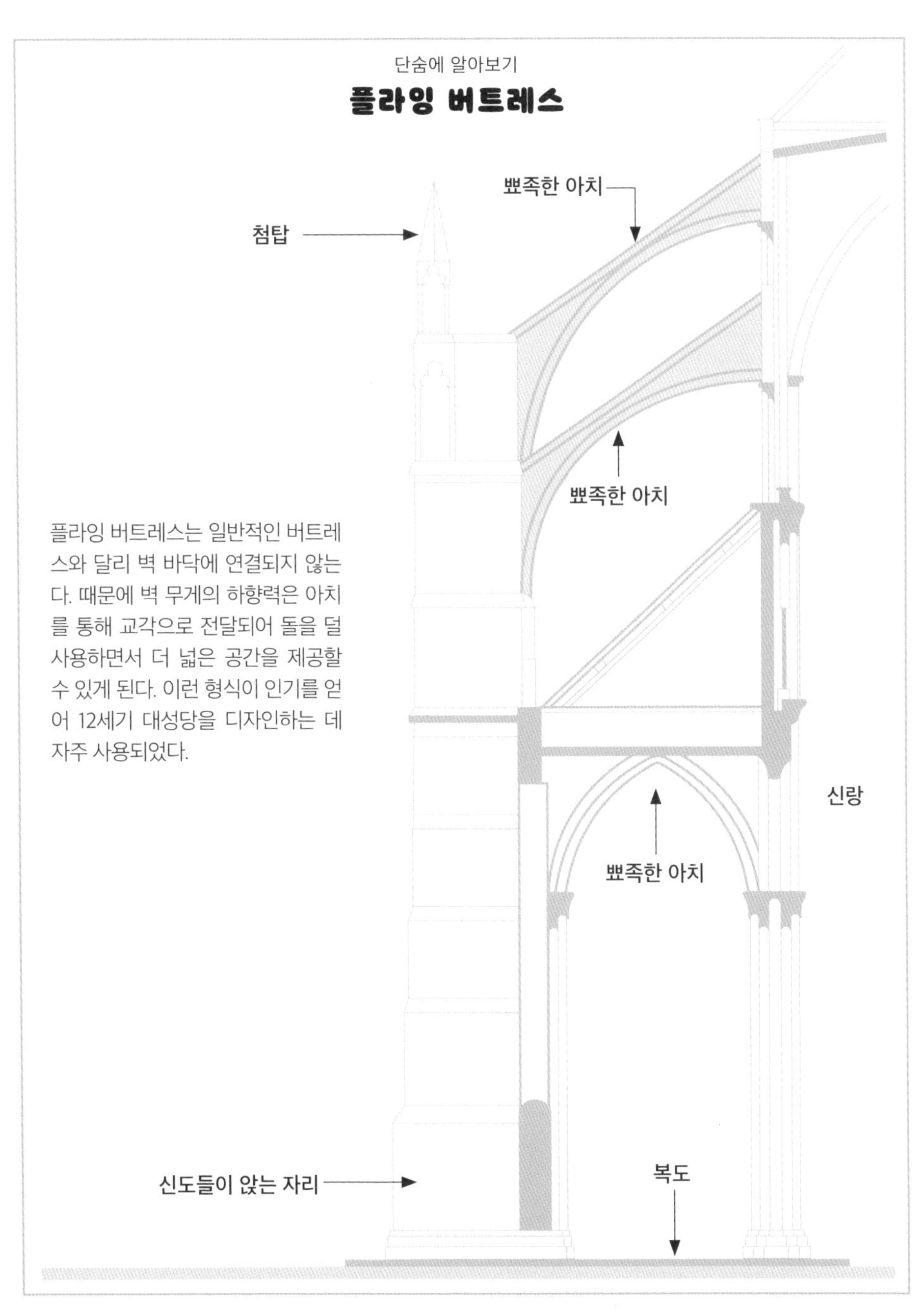
단숨에 알아보기
플라잉 버트레스
뾰족한 아치
첨탑
뾰족한 아치
플라잉 버트레스는 일반적인 버트레스와 달리 벽 바닥에 연결되지 않는다. 때문에 벽 무게의 하향력은 아치를 통해 교각으로 전달되어 돌을 덜 사용하면서 더 넓은 공간을 제공할 수 있게 된다. 이런 형식이 인기를 얻어 12세기 대성당을 디자인하는 데 자주 사용되었다.
신랑
뾰족한 아치
신도들이 앉는 자리
복도

단숨에 알아보기

승강기의 작동 원리

도르래 바퀴: 큰 도르래처럼 작동하는 홈이 있는 통.

전기 모터: 도르래 바퀴에 동력을 공급하여 엘리베이터를 들어 올리고 내린다.

타는 칸: 올리고 내리는 화물을 보호하는 구획으로, 케이블이 끊어지면 칸을 잡아주는 홈이 있는 레일에 의해 걸리는 경우가 많다.

케이블: 일반적으로 여러 강철 가닥을 함께 꼬아서 만든다.

균형추: 균형추의 무게는 타는 칸 무게의 절반 이하이다. 이 추는 도르래에 균형을 제공해 모터가 도르래를 올릴 때 소비하는 에너지를 절약한다.

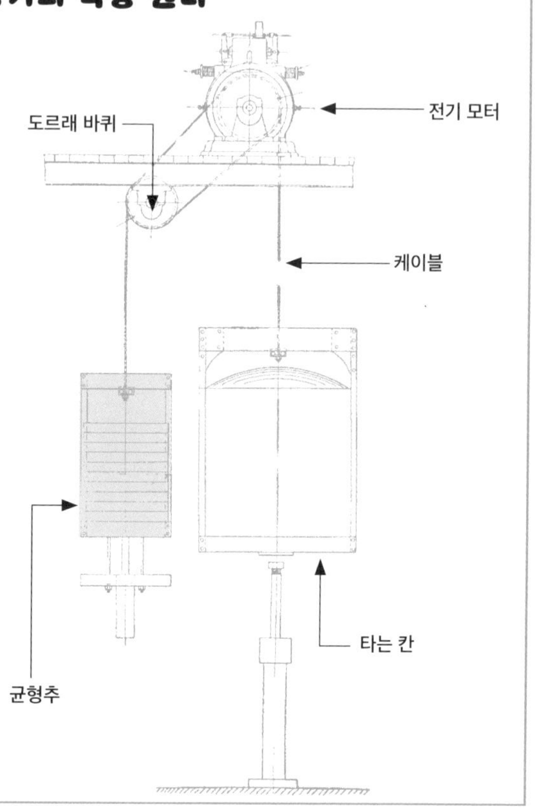

이렇게 공간이 부족한 상황에서는 버트레스가 도움이 되지 않으므로 건물을 더 높게 짓기 위해서는 돌이 아닌 다른 것을 사용해야 했다. 때문에 빔이 만들어지는 방식을 개선해 강철 골격을 기반으로 큰 유리창과 얇은 돌벽으로 건물을 지을 수 있게 되었다.

고층 빌딩은 19세기 중반 전동 엘리베이터의 발명 이후에야 실제 사용이 가능해졌다. 층간 사이에 자재를 들어 올리는 방법은 이전부터 있었던 것이지만, 엘리샤 오티스Elisha Otis라는 미국의 발명가는 안전장치를 추가해 사람이 탈 수 있게끔 했다.

토막 상식 고층 빌딩은 번개를 맞기에 완벽한 장소다. 1749년 미국 정치가 벤저민 프랭클린Benjamin Franklin은 높은 구조물을 번개로부터 보호할 방법을 처음으로 언급했다. 이러한 목적으로 설치된 피뢰침은 전하를 지면으로 안전하게 운반하는 전도성 물질이다.

가장 큰 건물

2009년 완공된 두바이의 부르즈 칼리파는 830미터 높이의 163층 건물로 세계에서 가장 높은 건물이 되었다. 수많은 도전을 극복해야 했던 이 건물은 공학과 디자인의 성과라고 할 수 있다.

높이가 830미터에 달하는 타워를 건설하려면 강철 비계를 사용하더라도 큰 지지대가 필요하다. 따라서 부르즈 칼리파는 세 개의 좁은 지지대 날개를 사용해 최소한의 지지대로 건물의 균형을 바르게 만드는 동시에 건물 내부에서 사람들이 바깥을 볼 수 있도록 많은 창을 설치했다.

그 외에도 초고층 건물에는 접근성의 문제가 있었다. 누구도 계단으로 163층을 오르고 내리고 싶지 않을 것이며, 엘리베이터가 아무리 빠르더라도 수백 층을 움직이려면 시간이 매우 오래 걸릴 것이다. 따라서 초고층 빌딩에는 일부 층만 운행하는 급행 엘리베이터가 필요하다. 또한 최상층에서 화재가 발생한다면 모든 사람이 비상계단을 사용해야 하는데 이것은 엘리베이터를 타는 것만큼이나 위험할 수 있다.

고층 건물이 극복할 마지막 문제는 바람이 큰 건물에 미치는 영향이다. 고층 빌딩의 측면은 큰 돛처럼 움직이는 공기를 잡는다. 부르즈 칼리파는 이를 피하고자 기류를 잡지 않고 바람의 방향만 바꾸도록 고안된 뾰족한 모양으로 설계되었다.

쪽지 시험

1. 중세 엔지니어들은 대성당의 벽을 지탱하기 위해 어떤 특별하고 가벼운 구조를 설계했을까?
2. 두바이 부르즈 칼리파의 높이는 몇 미터일까?
3. 고층 빌딩이 극복해야 하는 세 가지 과제는 무엇일까?
4. 기자 피라미드가 세계에서 가장 높은 건축물이었던 기간은 얼마일까?

3.3 다리 건설하기

개울에 놓인 나무판자 위에 서 있으면 중력이 무게 중심을 아래쪽으로 당긴다. 뉴턴의 법칙에 따르면 판자는 같은 힘으로 위쪽으로 저항하며, 이 힘은 나무판자 양쪽 끝에서 땅으로 전달된다.

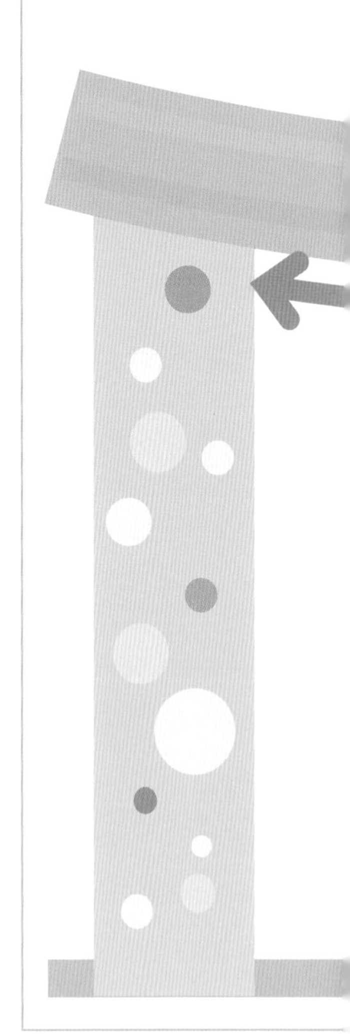

대부분의 구조물과 마찬가지로 다리는 '장력'과 '압축'이라는 두 가지 기계적 힘을 처리하도록 설계되어야 한다. 장력은 줄다리기에서 줄을 당기는 것과 같이 당기는 힘이다. 압축은 당근을 이로 씹어서 으깨는 것처럼 누르는 힘이다.

판자를 통해 전달되는 하향력으로 인해 나무판자 일부는 압축되고 다른 부분에는 장력이 발생한다. 힘이 너무 세면(또는 너무 무겁거나 둑 사이의 거리가 너무 멀면) 나무가 부러져 다리가 무너진다.

밟는 순간 무너지지 않는 다리를 만들기 위해서는 그 힘이 다리를 통해 분산되어 전달되어야 한다. 다음 페이지에서 엔지니어가 이를 관리할 수 있는 몇 가지 방법을 살펴보도록 하자.

단숨에 알아보기

간단한 형교

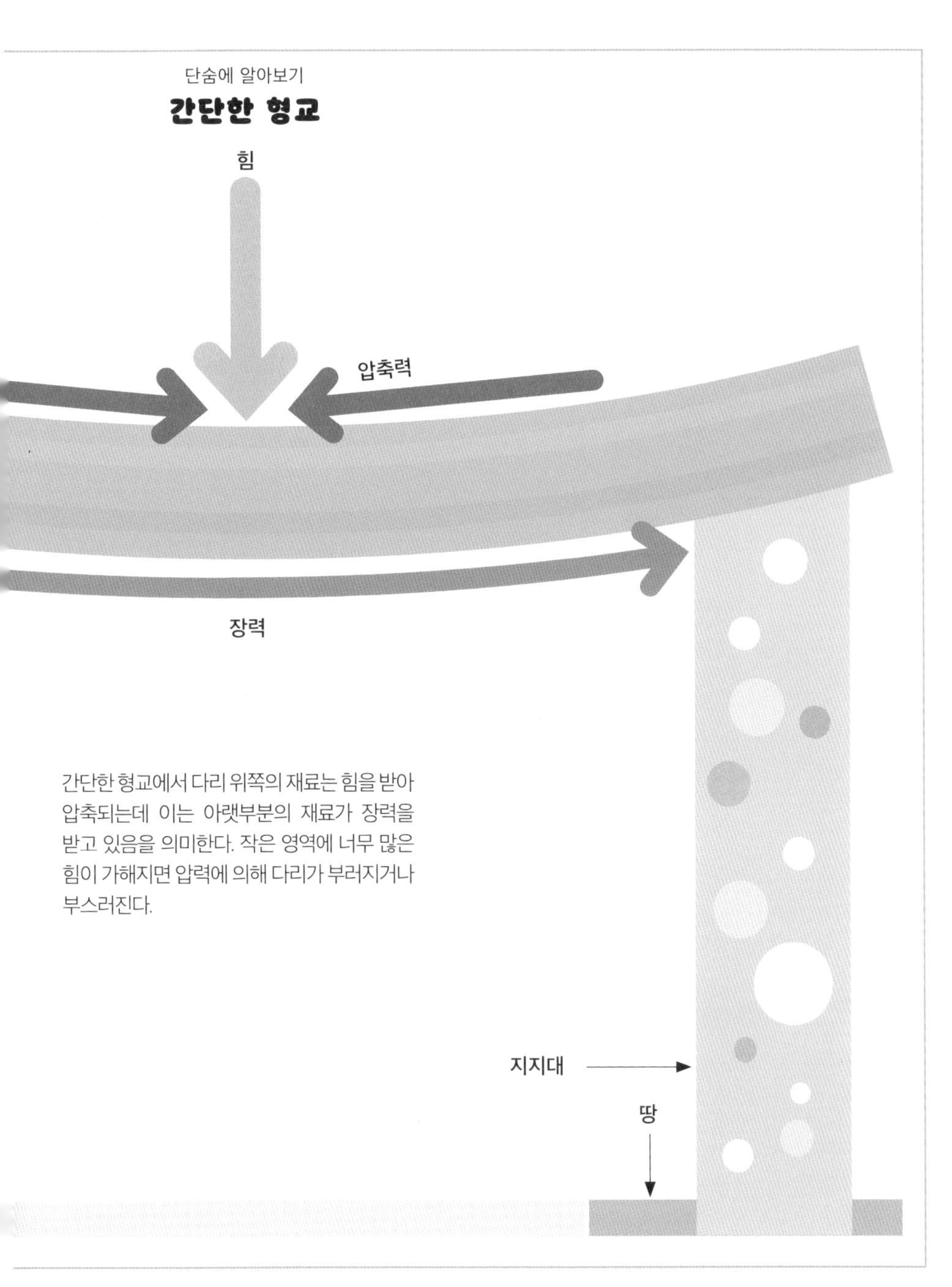

간단한 형교에서 다리 위쪽의 재료는 힘을 받아 압축되는데 이는 아랫부분의 재료가 장력을 받고 있음을 의미한다. 작은 영역에 너무 많은 힘이 가해지면 압력에 의해 다리가 부러지거나 부스러진다.

다리의 유형

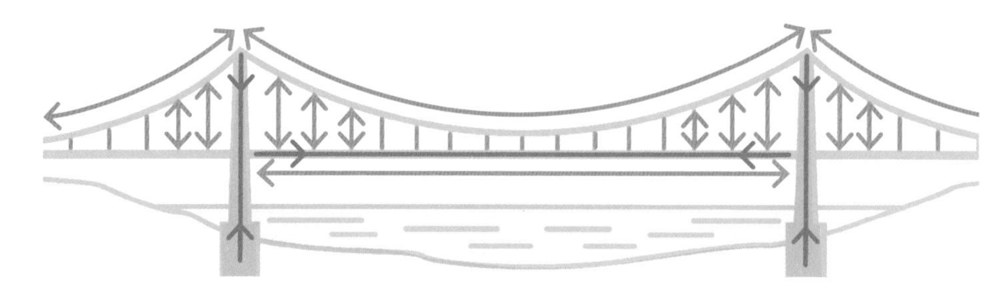

현수교

현수교는 긴 케이블을 사용해 다리의 힘을 양쪽 끝에 있는 기둥으로 전달한다. 케이블은 큰 장력에 대처하도록 설계되었다. 현수교의 기둥은 큰 압축력을 감당할 수 있도록 짧게 설계되었다.

예: 미국의 금문교

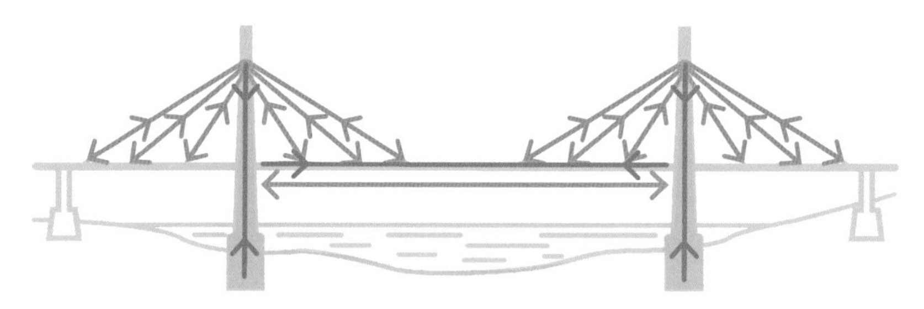

사장교

어떤 다리는 짧은 케이블을 사용해 기둥에 힘을 직접 전달한다. 사장교는 현수교보다 가볍지만, 더 높은 기둥이 필요하다.

예: 프랑스의 미오교

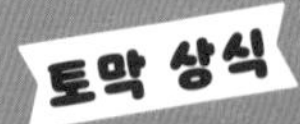

2000년에 개통된 템스강의 런던 밀레니엄 보행자 다리는 논란을 일으켰다. 이 다리는 작은 흔들림은 잘 처리하도록 설계되었지만, 공명 문제 때문에 흔들림이 더 커지게 되었다. 타이밍을 맞춰서 그네를 밀면 더 높이 올라가는 것처럼 다리 위를 걷는 사람들의 움직임과 다리의 흔들림이 적절하게 맞는 경우 다리가 더 심하게 흔들렸다. 때문에 약간의 재설계를 통해 흔들림 문제를 해결한 뒤 2002년에 재개장되었다.

아치교

아치형 다리는 아치를 사용해 다리 양 끝에 있는 '교대'라는 지지 구조로 힘을 전달한다. 이 다리는 수평 추력을 교대 방향으로 바깥쪽으로 밀어 분배해 작동한다.
예: 호주의 하버 브리지

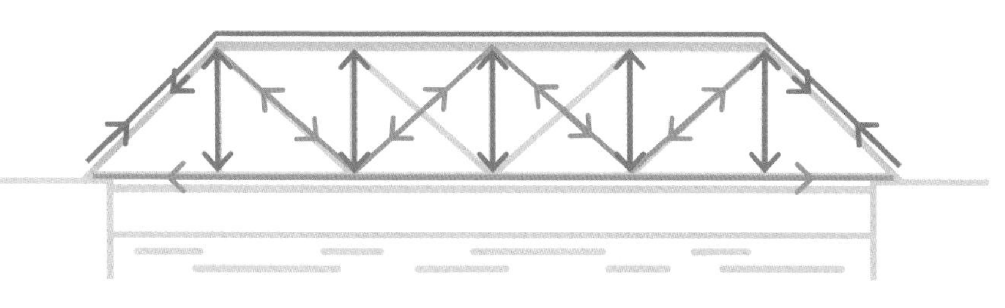

트러스교

트러스교는 '키 트러스'라고 부르는 삼각형 구조를 사용해 큰 무게를 추가하지 않고 장력과 압축력을 분산한다. 트러스교는 비교적 간단하며 양쪽 끝에 기둥이나 교대를 필요로 하지 않는다.
예: 스위스의 카펠교

참고사항
압축력
장력

쪽지 시험

1. 압축력이란 무엇일까?
2. 장력이란 무엇일까?
3. 긴 케이블을 통해 다리 끝에서 짧은 기둥으로 힘을 전달하는 다리의 종류는 무엇일까?
4. 아래의 힘을 수평의 힘으로 바꾸어 힘을 교대로 전달하는 다리의 종류는 무엇일까?
5. 런던의 밀레니엄 보행교가 처음 개장했을 때 흔들렸던 이유는 무엇일까?

3.4 더 깊이!

지표면 아래에 터널을 뚫는 것은 간단해 보이지만 상당히 어려운 일이다. 하지만 어떤 재질은 모양이 잘 유지되지 않고, 화강암같이 단단한 재질은 파헤치기 어렵다. 때로는 물이 스며들어서 파낸 공간을 채우기도 한다. 그 외에도 공기를 공급하는 장치를 고려해야 하고, 공기가 충분하더라도 메탄 같은 유독 가스가 문제를 일으키지는 않는지 확인해야 한다.

엔지니어는 시추공을 뚫거나 수중 음파 탐지(소나) 기술을 사용해 지역을 분석하는 지질학적 지식을 활용한다. 이런 분석을 통해 지하 암석의 종류, 지하수면이 있는 위치, 지질학적 단층 또는 균열이 존재하는지 알 수 있다. 그런 다음 터널의 경로를 결정하고 굴착을 시작하게 된다.

토막 상식

영국-프랑스 해저 터널은 50킬로미터가 넘는 매우 긴 터널이다. 이는 세계에서 가장 긴 터널은 아니지만, 해협 표면 100미터 아래에서 238킬로미터에 달하는 가장 긴 수중 구간을 가지고 있다.

지구 표면에서 파낸 가장 깊은 구멍은 러시아 북서부 콜라반도에 있는 복잡한 수직 통로의 일부이다. 가장 긴 통로는 12.2킬로미터 깊이이지만 너비는 고작 23센티미터에 불과하다.

단숨에 알아보기

브루넬의 실드 공법

마크 이점바드 브루넬Marc Isambard Brunel의 실드 공법은 고정된 판자를 사용해 세계 최초의 수중 터널을 짓는데 기여해 템스강 양쪽을 연결했고(A), 터널을 파내는 작업자들을 보호했으며(B), 전체 판자는(C)) 터널을 파내면서 점차 앞으로 이동시킬 수 있었다(D).

쪽지 시험

1. 터널 굴착의 세 가지 과제는 무엇일까?
2. 마크 이점바드 브루넬의 실드 공법은 무엇일까?
3. 해저 터널을 파기 위해 얼마나 많은 시추공을 뚫어야 할까?
4. 해저 터널의 양측은 몇 년에 연결되었을까?
5. 사람이 파낸 가장 깊은 갱도의 깊이는 얼마일까?

터널을 파는 방법에는 여러 가지가 있다. 하나는 '절삭식 공법'이라고 부른다. 땅에 도랑을 판 뒤 지붕을 덮는 이 공법은 단순하고 얕은 터널에 적합하다. 또 다른 공법은 19세기 초 영국의 엔지니어인 마크 이점바드 브루넬이 설계한 '터널링 실드 공법'이다. 이 공법은 몇 층짜리 강철 벽 건물을 만들어 작업자들이 안전하게 땅을 파고 앞으로 진행하기 위해 만들어졌다.

터널의 단면의 모양 또한 중요하다. 원형이 힘을 고르게 분산시키기 때문에 많은 터널이 원형 단면으로 설계되었다. 직사각형 단면은 힘을 집중시켜 암석이 압착하는 힘에 의해 터널이 파손될 수 있는 응력(힘이 집중되는) 지점을 가진다.

영국-프랑스 해저 터널

터널은 일반적으로 다리를 건설하기에는 너무 길거나 번거로운 곳에 건설된다. 1988년 거대한 터널 보링 머신 굴착기가 개발되면서 긴 터널로 영국과 프랑스를 연결하는 것이 가능해졌다. 길이가 수백 피트에 달하는 이 기계는 총 11대 만들어졌고, 1990년에는 양쪽에서 파오던 터널이 만나면서 터널 보링 머신 프로젝트는 성공했지만, 터널이 완공되어 정식으로 개방될 때까지는 4년의 세월이 더 걸렸다.

3.5 다른 세계에 정착하기

달은 살기 좋은 곳이 못 된다. 물론 보기에는 훌륭하지만, 달의 먼지 입자들은 아주 좁은 틈에도 들어갈 만큼 작고, 바람과 물이 없는 환경은 이 입자들을 더욱 날카롭게 만든다. 게다가 전기를 띄고 있어서(하전) 모든 것에 달라붙으려는 속성이 있다.
그 외에도 극한 온도, 강렬한 방사선, 낮은 중력 문제를 해결해야 한다. 또한 로켓을 보내는 것이 비싸므로 거주할 장소를 건설하려면 달에서 쉽게 구할 수 있는 재료를 사용해야 한다. 이처럼 달에 살기 위해서는 아주 영리하게 공학할 필요가 있다.

달의 거주 시설에 가장 필요한 것은 초속 72킬로미터로 떨어지는 작은 운석과 지속적인 방사선으로부터 거주자를 보호하는 것이다. 한 가지 해결책은 작은 방을 만든 뒤 "레골리스"라 부르는 달 표면의 두꺼운 가루와 암석으로 뒤덮는 것이다. 다른 하나는 지금은 텅 빈 고대 용암 동굴 내부를 사용하는 것이다. 2017년에 미국과 일본의 연구원들이 레이더 이미지를 사용해 달 앞면 내부에서 도시 하나를 숨길만큼 커다란 구멍을 발견했다. 지표 깊숙한 곳은 방사선과 작은 운석들에서 안전하다는 장점이 있다.

집을 프린트하기

현재 기술로 달에 가는 것은 비교적 쉬워졌지만, 화성에 가려면 여전히 7개월에 걸친 길고 힘든 여정이 필요하다. 게다가 많은 시간과 연료가 필요하므로 초기 식민지 개척자들을 위한 견고한 거주 시설을 운반하는 데에 많은 비용이 든다. 엔지니어들은 인간이 도착하기 전에 거대한 3D 프린터를 보내 이 문제를 해결하고자 한다. 지구에서는 이미 3D 프린터를 사용해 건물을 지을 수 있지만, 화성에서 이것을 사용하기 위해서는 화성의 모래와 돌을 영리하게 활용할 3D 프린터가 필요하다. 나사(NASA)는 이미 아이디어 경쟁을 시작했다. 한 가지 가능한 아이디어는 얼음과 산화칼슘에서 물을 얻은 뒤 표면 재료와 혼합하여 화성식 콘크리트를 만드는 것이다. 또 다른 아이디어는 온도가 변화해도 많이 구부러지지 않는 일종의 단단한 플라스틱

토막 상식

1990년대 과학자들은 인간이 완벽하게 밀봉되고 생태학적으로 균형 잡힌 시스템 안에서 장기간 살 수 있는지 확인하기 위해 '바이오스피어2'라는 시설을 지어 실험을 수행했다. 피실험자들은 수많은 문제를 경험했고, 이는 다른 세계에서 사는 것이 얼마나 어려운 일인지를 잘 알려주었다.

접착제인 마샤(MARSHA)로 화성의 재료를 접착하는 것이다. 공학적으로 어떻게 처리하든지 간에 화성에 지을 건물은 압력을 버티고 내부를 따뜻하게 유지해야 하며, 독립적인 거주 공간이 충분해야 한다.

단숨에 알아보기

양성자 문제

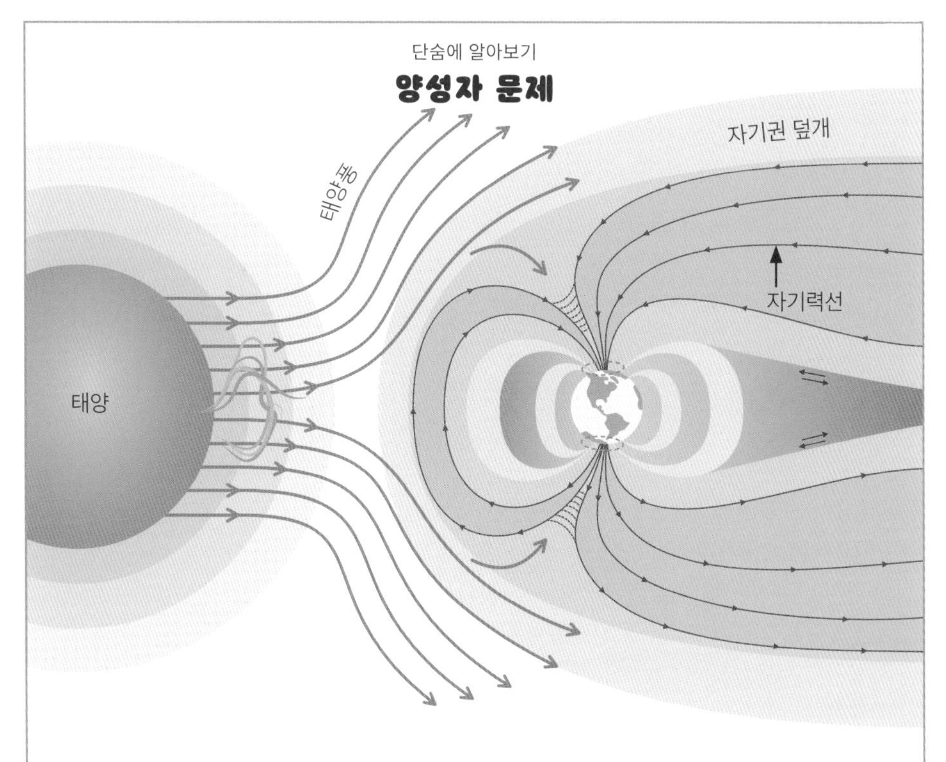

달과 화성에 거주하기 위해 해결해야 하는 방사선은 대부분 '양성자'라고 하는 양으로 하전된 입자가 폭발하는 과정에서 만들어진다. 지구에서는 지구의 자기장에 의해 이러한 방사선이 대부분 빗겨 나가게 된다. 미래의 엔지니어들은 두꺼운 암석층이나 물 탱크 또는 높은 밀도의 납 보호막을 사용해 방이나 방 크기의 자기장을 만들어 화성과 달의 거주자를 이러한 입자의 폭풍으로부터 보호할 수 있을 것이다.

퀴즈

건축

1. 인류는 언제부터 큰 돌을 건축 자재로 사용하여 영구적인 거주지를 건설했을까?

A. 약 10만 년 전

B. 약 1만 년 전

C. 약 2000년 전

D. 약 100만 년 전

2. 초기 금속 도구의 기초가 된 재료는 무엇일까?

A. 뼈

B. 금

C. 동

D. 텅스텐

3. 다음 중 수천 년 동안 가장 높은 건축물이었던 건물은 무엇일까?

A. 피라미드와 지구라트

B. 고층 빌딩

C. 성

D. 교회

4. 아치는 어떤 방향으로 하중의 힘을 전달할까?

A. 아래로

B. 위로

C. 위아래 모두

D. 수평으로

5. 산업혁명 동안 많은 사람이 __로 이주했다.

A. 도시

B. 지방

C. 해변

D. 산

6. 현대식 고층 건물의 골격을 더 강하게 만든 재료는 무엇일까?

A. 유리

B. 대리석

C. 강철

D. 목재

7. 교량에서 작용하는 두 가지 주요 힘은 무엇일까?

A. 압축력과 원심력

B. 중력과 장력

C. 중력과 원심력

D. 압축력과 장력

8. 영국-프랑스 해저 터널을 개통 가능하게 한 기술 발전은 무엇일까?

A. 터널 보링 머신

B. 튜브 드릴링 장치

C. 이로 깨물기엔 단단한 금속

D. 구멍 파기 장치

9. 2017년에 달에서 발견된 용암 동굴은 다음 중 어떤 것을 보호하기에 충분한 크기일까?

A. 사람 한 명

B. 작은 건물

C. 작은 마을

D. 달에 지어질 도시

3장

간단 요약

구조를 설계한다는 것은 힘을 이해해 물체가 무너지지 않도록 하는 것을 의미한다. 더욱 복잡한 건물을 공학한다는 것은 환경친화적이며 가볍고 강한 재료를 찾아 효율적인 방식으로 조합하는 것을 의미한다.

- 터키에서 발견된 구석기 시대 유적인 괴베클리 테페는 세계에서 가장 오래된 건축물 중 하나이다.
- 건축가들은 산처럼 돌을 쌓지 않기 위해 '버트레스'라고 하는 각진 지지대를 사용해 힘을 교묘하게 분산시키는 방법을 고안했다. 중세에 사용된 얇은 버트레스는 '플라잉 버트레스'라고 불린다.
- 19세기 중반에 전동 엘리베이터가 발명되고 나서야 최초의 진정한 고층 빌딩을 지을 수 있게 되었다.
- 2009년 완공된 두바이의 부르즈 칼리파는 높이가 830미터에 달하며 163층으로 이루어진 세상에서 가장 높은 건물이다.
- 다리는 장력과 압축력이라는 두 가지 기계적 힘을 처리하도록 설계되어야 한다.
- 1988년에 거대한 터널 보링 머신이 개발되면서 마침내 긴 터널로 영국과 프랑스를 연결할 수 있게 되었다.
- 달과 화성에 사람이 거주하기 위해서 해결해야 하는 방사선 대부분은 '양성자'라고 하는 양전하 입자의 폭발로 이루어진다.

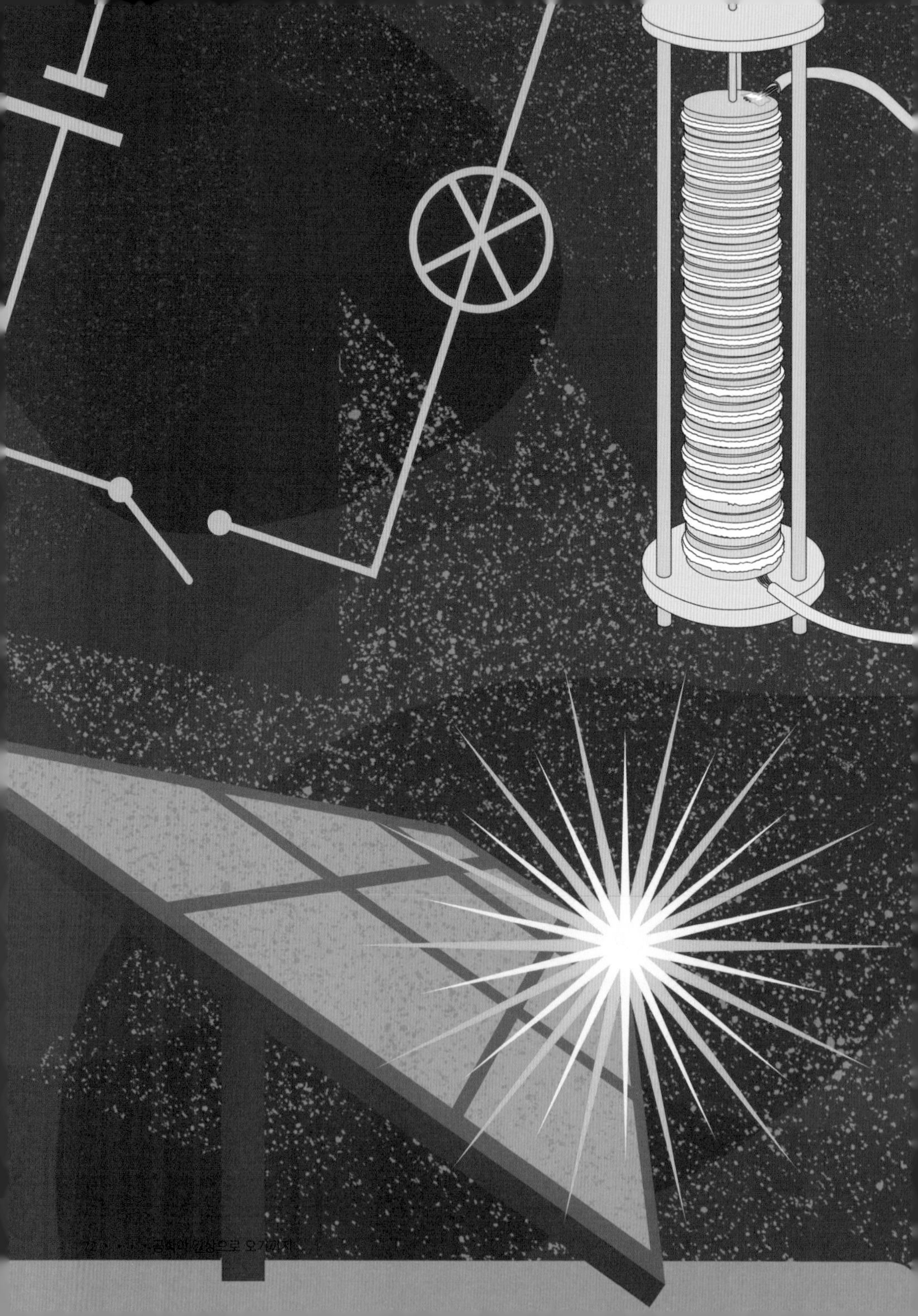

4

동력과 공학

인간은 음식을 음식을 섭취해 에너지를 얻는다. 하지만 우리 몸이 한 번에 저장하고 사용할 수 있는 양에는 한계가 있다. 약 10만 년 전, 인류는 나무에 불을 지폈고 저장된 화학적 에너지를 사용해 음식에서 더 많은 양분을 얻고, 더 추운 기후에서 살 수 있게 되었다.

이번 장에서 배우는 것

- ∨에너지원
- ∨전기
- ∨발전
- ∨국가 단위의 발전
- ∨친환경

4.1 에너지원

에너지는 어디에나 저장되어 있지만 모두 사용할 수 있는 것은 아니다. 우리를 둘러싸고 있는 공기 분자는 평균 시속 약 1,600킬로미터의 속도로 움직이고 있지만, 그렇게 작은 분자가 무작위로 움직이면서 발생하는 작은 에너지를 포착하기란 어렵다. 바람이 불어 공기 분자가 한 방향으로 함께 움직이면 무언가를 밀어 에너지를 사용할 수 있다. 공기를 움직인 바람처럼 에너지를 유용한 방식으로 전달하는 것을 '에너지 저장소' 또는 '에너지원'이라고 부른다.

식물은 광합성을 통해 세포에 화학적으로 에너지를 저장한다. 이 에너지를 연소해서 유용한 방식으로 방출할 수 있다. 나무는 10만 년 전 인류의 첫 번째 에너지원이었고 오늘날에도 여전히 사용되고 있다.

유기체가 죽을 때 저장된 에너지는 일반적으로 그것을 분해하는 미생물에 의해 사용되기 때문에 퇴비 더미는 때때로 따뜻해지곤 한다. 하지만 생물체가 땅에 묻히면 산소가 부족해 분해되지 않는다. 수백만 년 동안 지하 깊숙이 묻혀 있으면 지각의 열과 압력으로 인해 석탄, 석유 또는 천연가스로 변할 수 있다. 이런 화석 연료는 저렴하고 운송이 간편하며 연소 시 매우 빠르게 많은 에너지를 방출한다. 때문에 지금 우리 세계에서 쓰이는 대부분의 에너지는 이러한 화석 연료에서 비롯된다. 이러한 연료는 한번 연소하면 영원히 사라지기 때문에 '재생 불가능한 연료'라고 부른다.

쪽지 시험

1. 재생 불가능한 에너지원이란 무엇일까?
2. 인류가 사용한 최초의 연료는 무엇일까?
3. 화석 연료는 어떻게 형성될까?
4. 최초의 풍차는 언제, 어디에 건설되었을까?
5. 태양에 의존하지 않는 네 가지 에너지원을 나열해 보자.

바람의 흐름과 함께

바람과 강처럼 움직이는 유체는 돛이나 터빈을 밀어 운동에너지를 전달할 수 있다. 물레방아는 기원전 4~3세기에 중동에서 처음 발명되었으며, 강의 운동에너지를 끌어오는 데 사용되었다. 또한 인류는 수천 년 동안 바람을 사용해 배를 몰아왔다. 최초의 풍차는 9세기에 페르시아에서 발명되었는데 페르시아인들은 풍차를 사용해 물을 퍼 올리거나 곡물을 갈았다. 강과 바람은 에너지를 사용해도 사라지지 않기 때문에 둘 다 재생 가능한 에너지로 간주한다.

풍차

태양과 관련 없는 에너지

화석 연료와 식물의 광합성은 태양의 열에너지를 흡수한 것이고 바람은 대기가 불균형적으로 가열되어 발생하기 때문에 태양에서 기인한다. 강 또한 태양에 의해 증발한 공기 중의 물이 산과 언덕의 꼭대기에서 응축되어 형성된 것이기 때문에 태양으로부터 에너지를 얻는다.

하지만 태양이 없었다고 해도 우리는 여전히 에너지를 얻을 수 있었을 것이다. 배터리는 화학 반응을 사용해 전기에너지를 전달하고, 핵반응은 많은 열을 방출하며, 일부 지역에서는 지구의 지각이 아주 얇아서 지열로 물을 가열할 수 있다. 달의 중력이 일으키는 조수에서도 에너지를 얻을 수 있지만, 이것은 부분적으로는 태양에 기인한다.

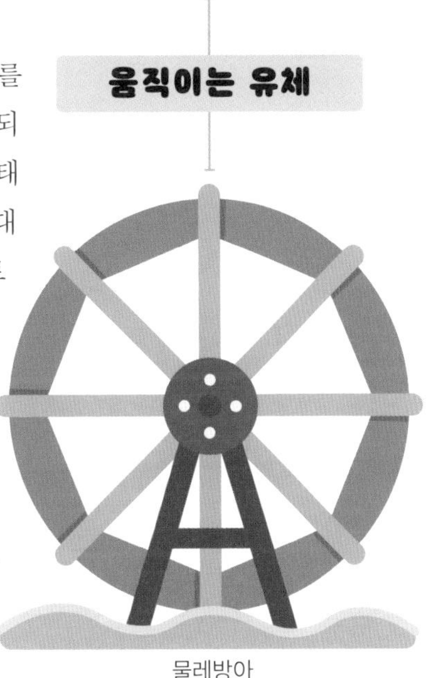

물레방아

일반적으로 사용되는 에너지원

이렇게 일반적으로 사용되는 에너지원은 모두 서로 장단점이 있지만, 화석 연료 연소가 기후에 미치는 영향이 더욱 극심해짐에 따라 재생 가능한 에너지원이 더욱 중요해지고 있다.

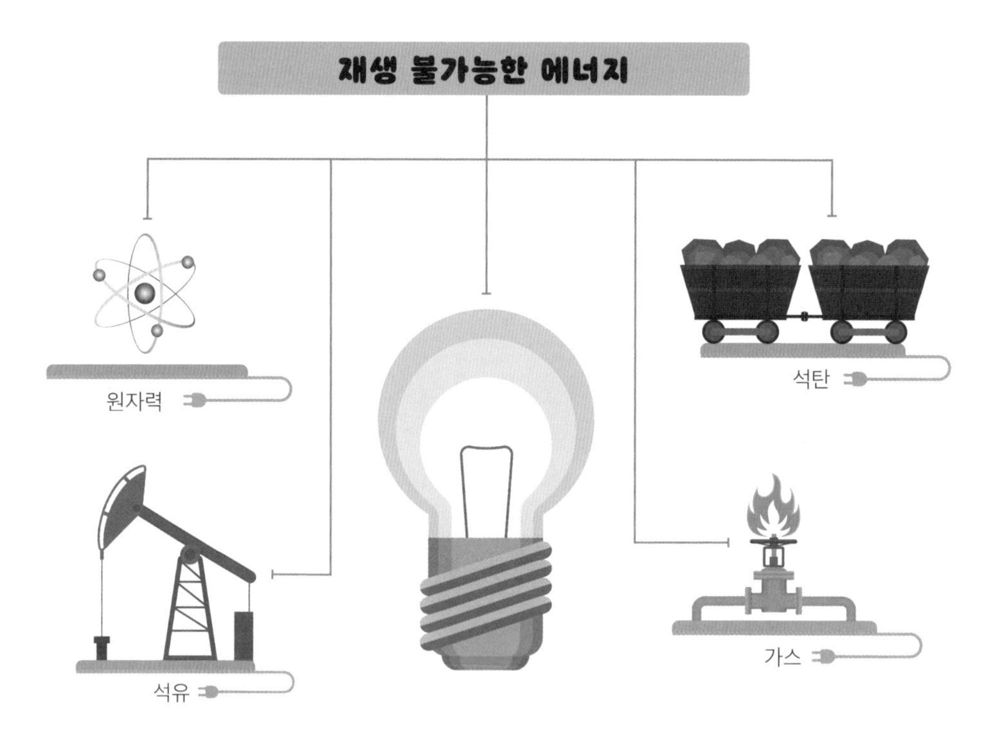

원자력: 원자력은 달걀 크기의 우라늄 조각이다. 이는 평생 에너지를 공급할 수 있을 정도로 매우 효율적이지만 방사성 폐기물이 발생한다는 단점이 있다.

석유: 고대 해양 생물이 땅에 묻혀서 형성된 석유는 여러 연료로 분리될 수 있다. 일부는 발전소에서 태우지만 다른 일부(휘발유 등)는 운송에 필요한 에너지를 제공한다.

석탄: 고대 숲이 매몰되어 형성된 석탄은 값이 싸고 운송이 쉽지만 많은 오염을 유발한다.

가스: 가스는 화석 연료 중 오염이 가장 덜하고 태우는 양을 쉽게 제어할 수 있어서 효율적이지만, 여전히 지구 온난화에 영향을 미친다.

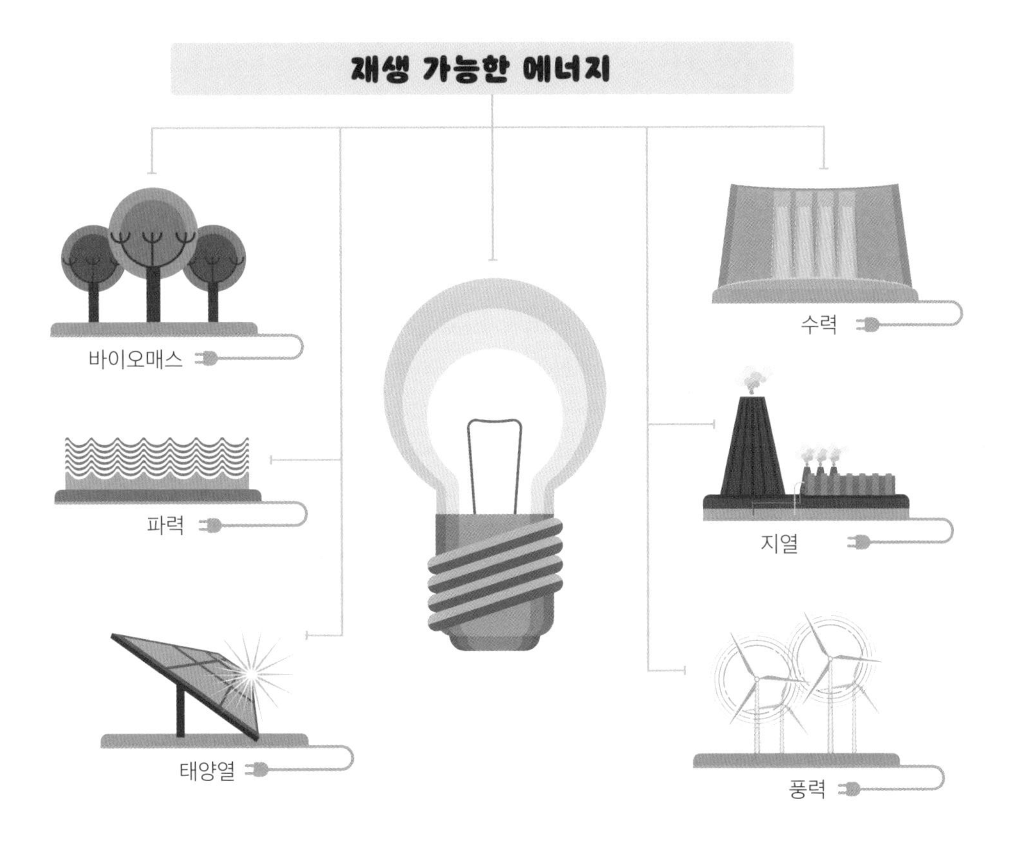

바이오매스: 바이오매스 연료의 예로는 목재와 식물성 기름이 있다. 이러한 원료는 쉽게 기를 수 있으므로 재생 가능하다.

파력: 파도에 의해 떠다니며 움직이는 물체가 전기를 생성하는 것을 '파력'이라고 한다.

태양열: 태양광 패널은 태양으로부터 직접 에너지를 흡수하여 전기 또는 온수를 생성하는 데 사용할 수 있다.

수력: 강에 댐을 지어 만들어지는 수력 발전소는 물이 흐르면서 터빈을 돌려 물의 운동에너지를 사용한다.

지열: 지구 중심부에 있는 방사성 원소는 지구가 항상 뜨겁다는 것을 의미한다. 지각이 얇은 곳에서는 뜨거운 지하수의 증기를 사용하여 터빈을 돌릴 수 있다.

풍력: 거대한 터빈이 바람에 의해 회전한다. 풍력 발전소는 대부분 바람이 많이 불고 방해할 것이 별로 없는 바다에 설치된다.

4.2 전기

흐르는 전기(또는 전류)와 정전기력은 원자를 구성하는 전자와 양성자의 특성인 전하의 인력과 반발력에 의해 발생한다. 전류는 가정과 기업에 에너지를 전달하는 가장 효율적이고 편리한 방법으로 기계에 전력을 공급하고 매일 필요한 열과 빛을 제공한다.

흐르는 전기에 대한 첫 기록물은 고대 이집트인들이 전기 뱀장어에 관해 설명한 것이다. 또한 고대 그리스인들은 모피로 문지른 호박이 깃털과 같은 가벼운 물체를 끌어당길 수 있다는 것을 알아차렸고, 이것을 통해 전력을 설명했다. 알레산드로 볼타Alessandro Giuseppe Antonio Anastasio Volta가 1800년에 만든 볼타 전지는 최초로 전류를 생성한 발명품이다. 그는 동(Cu)과 아연(Zn)판 사이에 소금물(소금 또는 염화 나트륨(NaCl)+H_2O(물))에 젖은 종이를 넣어 전지를 만들었다. 이내 흐르는 전기가 자기장을 유발한다는 것이 발견되었고, 1821년 마이클 패러데이Michael Faraday는 자석을 사용하여 최초의 전기 모터를 발명했다. 전보와 전화의 발명 이후 엔지니어들은 19세기 말

토막 상식

회로는 내부 구성 요소 또는 전송해야 하는 에너지양에 따라 각기 다른 전압이 필요하다. 휴대전화 충전기는 5볼트가 필요하고, 전기차는 최대 400볼트가 필요하며, 전선은 수십만 볼트의 전압을 가진다. 번개의 전압은 수천만 볼트로 훨씬 더 크다.

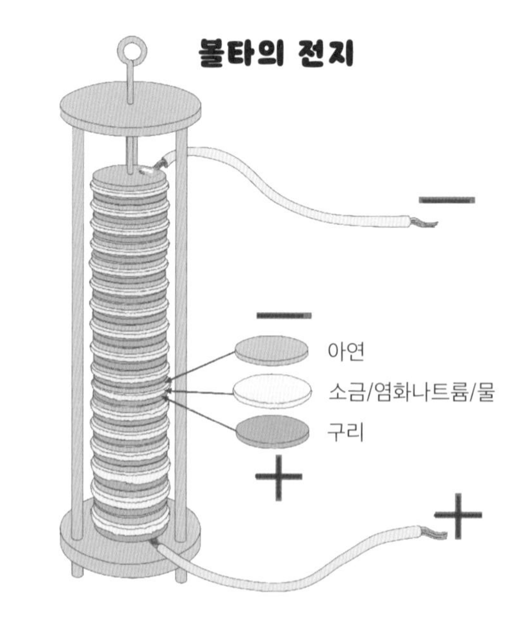

까지 전기를 즉각적인 통신을 위해 사용했다. 다른 한편으로는 1870년대에 제작된 토머스 에디슨Thomas Alva Edison의 발전기를 통해 산업 규모의 전기를 생산하여 기차와 조명에 전력을 공급할 수 있었다. 전기 조명 이전에는 더 비싸지만 덜 밝고 화재를 일으킬 위험이 큰 연료를 태워서 빛을 얻었다. 19세기 말 하인리히 헤르츠Heinrich Rudolf Hertz는 전기가 전파를 만드는 데에 사용될 수 있다는 것을 발견했고, 이러한 발전은 엔지니어에게 풍부한 가능성을 열어 현대 세계를 가능하게 했다.

전도체와 전기회로

금속 선 원자 외부에 있는 전자는 원자를 떠나 원자들 사이를 이동할 수 있다. 음전하를 띠기 때문에 다른 하전 물체에 밀려 강물을 흐르는 물처럼 흐르게 된다.

넓은 강이나 빠르게 흐르는 강의 흐름이 큰 것처럼 전자의 흐름인 전류 또한 비슷

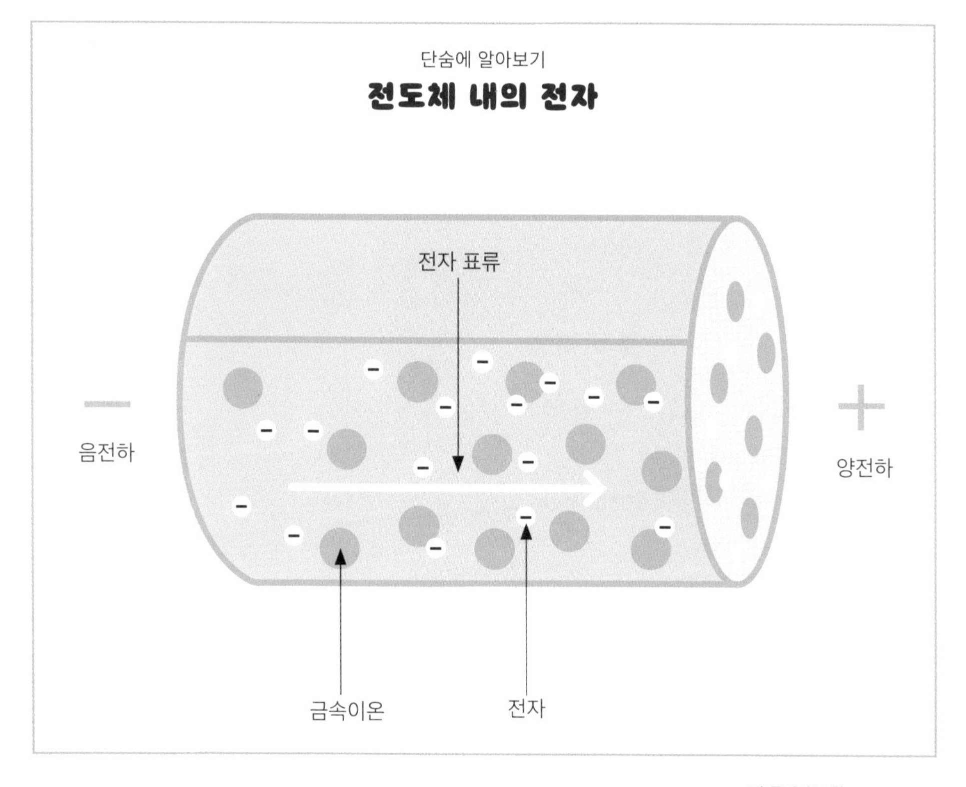

하다. 전선이 넓으면 흐를 전자가 더 많다는 것이고 때문에 전자를 강하게 밀면 흐름이 더 빨라진다. 전류를 뒤에서 미는 것을 '전압'이라고 하며, 금속처럼 전하가 통과하는 모든 사물을 '도체'라고 한다.

전하가 전선을 통해 흐르는 방법에는 두 가지가 있다. 배터리에서 흐르는 직류에서는 전하가 회로 주위를 계속해서 흐르지만, 전선에서 쓰이는 교류에서는 전하가 앞뒤로 움직인다. 두 가지 전류 유형 모두 전기가 흐를 수 있도록 전원 양 끝에 도체 회로가 존재해야 한다.

레지스터나 다이오드와 같은 전기 부품을 회로에 담아서 전류를 변경할 수 있다. 다른 구성 요소들은 전류 에너지를 모터나 전구와 같은 유용한 기기에 전달할 수 있다. 전기 엔지니어는 구성 요소를 기호로 나타내는 회로도를 사용해 명확하게 읽을 수 있도록 회로를 설계한다.

쪽지 시험

1. 전기를 발생시키는 힘은 무엇일까?
2. 볼타 전지란 무엇일까?
3. 전선을 통해 이동하여 전류를 형성하는 하전 입자는 무엇일까?
4. 전류란 무엇일까?

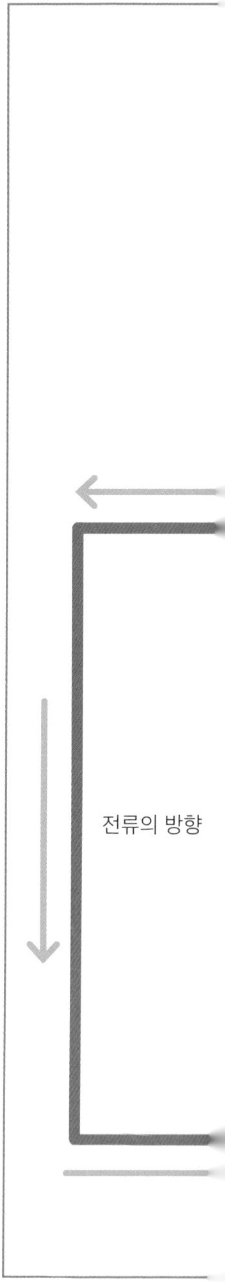

전류의 방향

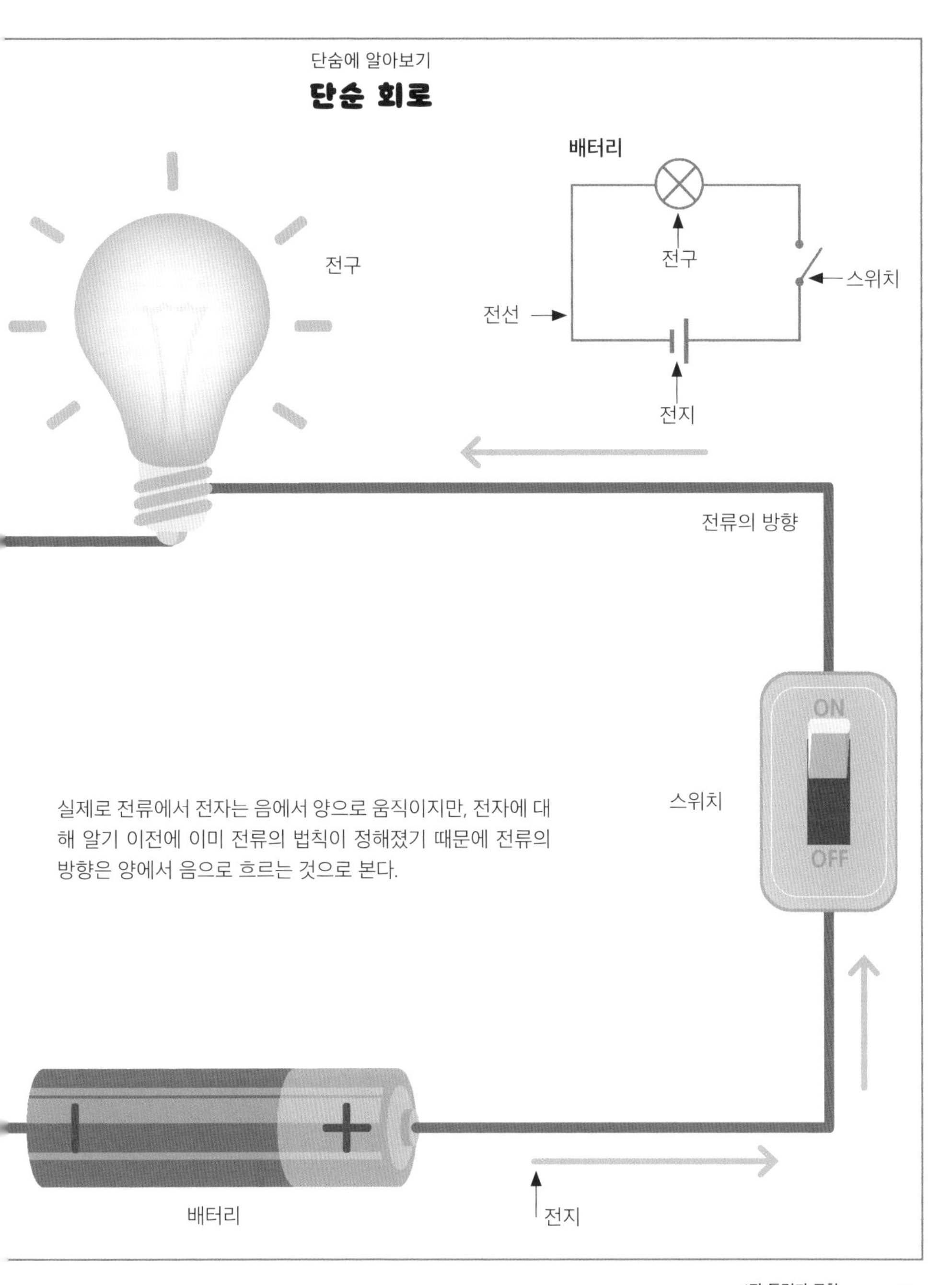
단숨에 알아보기
단순 회로
배터리
전구
전구
스위치
전선
전지
전류의 방향
스위치
ON
OFF
실제로 전류에서 전자는 음에서 양으로 움직이지만, 전자에 대해 알기 이전에 이미 전류의 법칙이 정해졌기 때문에 전류의 방향은 양에서 음으로 흐르는 것으로 본다.
배터리
전지

4.3 발전

전류를 흐르게 하는 방법에는 여러 가지가 있다. 배터리는 화학 반응을 사용하지만, 에너지를 매우 빠르게 전달할 수 없으므로 상대적으로 작고 휴대 가능한 기계에 적합하다. 가정과 산업에 공급할 큰 전류를 만들기 위해서는 발전기가 필요하다. 태양 전지는 빛을 받으면 전류를 생성하고 압전체는 늘어나거나 찌그러져도 전기를 생성할 수 있어 엔지니어가 에너지를 기계로 전달할 수 있는 다양한 방법을 제공한다.

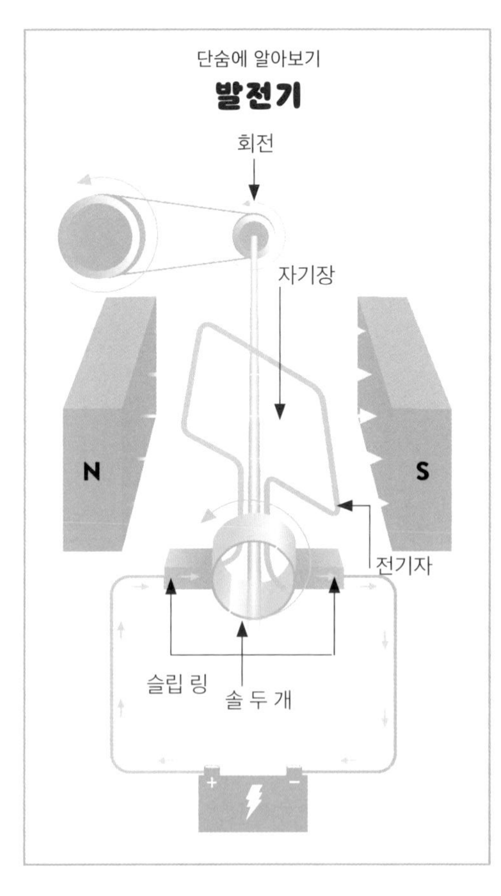

1831년 마이클 패러데이는 자기장에 직각으로 도선을 움직이면 전류가 생성된다는 것을 증명했다. 전선이 이동함에 따라 내부의 전자도 함께 이동하여 자기장을 생성한다. 이것이 자석의 자기장과 상호 작용하여 전선을 통해 전자를 밀어낸다.

전선을 꼬아 코일을 만들면 전자가 더 빠르게 움직이고 그 결과 자기장을 증가시켜 효과를 높인다.

전지

전기 전지 내부의 '전해질'이라고 하는 물질은 '전극'이라고 하는 두 개의 서로 다른 전도체와 접촉하고 있다. 전극 중 하나인 양극은 전해질과 반응하여 여분의 전자를 생성하여 음으로 하전된다. 다른 전도체는 반응하여 전자를 받아 양전하를 띠게 한다.

토막 상식 일부 재료는 압전 특성으로 인해 모양이 변할 때 전기를 생성한다. 엔지니어들은 움직일 때 전기를 생산하는 옷을 만들기 위해 노력하고 있다. 즉, 언젠가는 춤을 추면서 휴대전화를 충전할 수 있는 날이 올지도 모른다.

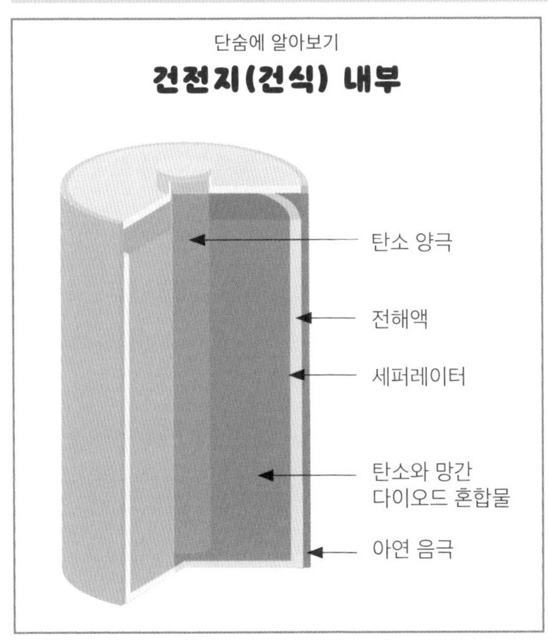

쪽지 시험

1. 최초로 발전기를 발명한 사람은 누구일까?
2. 발전기에 자석이 필요한 이유는 무엇일까?
3. 더 큰 전류를 생성하는 방법은 무엇일까?
4. 배터리란 무엇일까?
5. 압전이란 무엇일까?

그러나 전극은 전지 내에서 서로 분리되어 있으므로 회로의 도체에 의해 부착되지 않으면 반응이 일어나지 않는다. 두 개 이상의 셀을 함께 연결하면 '배터리' 또는 '건전지'라고 부른다.

태양 전지

1958년 나사는 뱅가드 1호 위성을 발사했다. 태양 전지를 묶은 패널을 부착한 뱅가드 1호는 태양열로 에너지를 보충하는 최초의 기계였다. 태양 전지는 반도체 물질인 실리콘으로 만들어져서 일반적으로는 전자가 흐르는 것을 허용하지 않지만, 빛이 닿으면 전자가 원자 밖으로 튀어나와 전류를 생성할 수 있다. 충분한 빛이 있는 경우 태양 전지는 훌륭한 재생 가능한 에너지원이다.

4.4 국가 단위의 발전

2018년에 세계는 지구상의 모든 사람이 TV, 노트북 및 4개의 밝은 전구를 계속해서 사용할 수 있을 만큼 충분한 전기를 생산했다. 그만큼 많은 에너지를 생산하기 위해서 전 세계의 발전소가 밤낮으로 작동했고, 가정에 전력을 공급하기 위해 대규모 철탑과 전선 네트워크가 연결됐다. 하지만 전력을 사용하지 않을 때도 전선이 가열되어 에너지가 낭비되기 때문에 엔지니어들은 항상 더 효율적으로 국가 전체에 전력을 공급할 방법을 찾고 있다.

발전소에는 전기를 생산하는 발전기가 있다. 그중 일부는 연료를 태우거나 핵반응을 일으켜 물을 끓일 때 방출되는 에너지를 사용한다. 생성된 증기가 터빈을 밀고 발전기가 돌아가면서 많은 양의 전류를 생성한다.

전류가 전선을 가열하기 때문에 전선이 길수록 가열하는 과정에서 에너지가 낭비되어 장거리로 전기를 전송하는 것은 비효율적이다. 1885년 변압기가 발명되면서 전력을 더 작은 전류로 분배할 수 있게 함으로써 이 문제를 해결했다.

토막 상식

최초의 공공 전력 공급은 1881년 영국의 작은 마을 고덜밍에서 개발되었다. 그들은 마을 근처의 강에서 물레방아를 사용한 수력발전으로 전기를 생산해 사용했다. 하지만 이 시스템에는 문제가 많았기 때문에 1884년에 폐쇄되었고, 그 이후 20년 동안은 전기를 사용하지 못했다.

발전소에서 가정까지

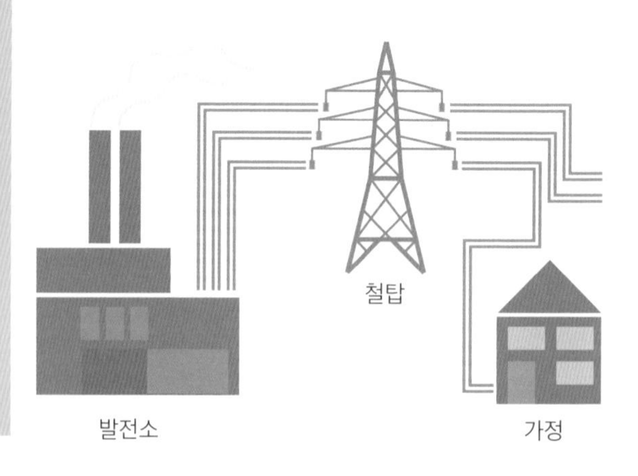

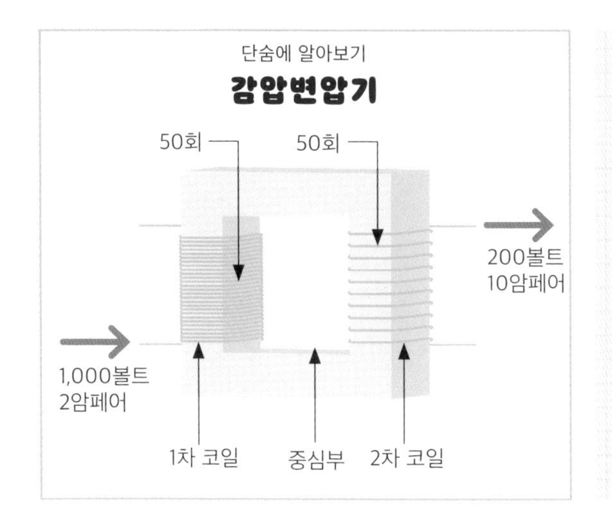

쪽지 시험

1. 발전소에서 연료를 사용해 무엇을 할까?
2. 긴 전선에 전류가 흐르면 어떻게 될까?
3. 승압 변압기의 역할은 무엇일까?
4. 강압 변압기의 역할은 무엇일까?
5. 24시간 중 전기 사용량이 가장 적은 시점은 언제일까?

변압기의 철심 주위에는 교류 전류가 흐르는 코일이 위치한다. 전류가 중심부에서 자기장을 생성한 다음 2차 전선 코일에 전류를 생성한다. 2차 코일이 더 많이 감겨 있으면 같은 에너지를 전달하더라도 전류는 낮아지고, 전압은 높아진다. 이러한 유형의 변압기를 '승압 변압기'라고 하며, 발전소에서 이를 사용하여 전국에 전기를 분배한다. 그러나 매우 높은 전압은 위험하므로 전기를 사용하기 전에 전압을 낮추기 위한 '강압 변압기'를 가정 근처에 배치한다. 이때 강압 변압기의 2차 코일은 1차 코일보다 덜 감아서 전압을 낮추게 된다.

에너지 낭비 피하기

사용하지 않은 전기는 전선을 가열해 에너지를 손실시키므로 엔지니어는 에너지 사용 패턴을 모니터링해 해당 시점에 얼마만큼의 전력을 생산해야 하는지 파악할 수 있다. 밤에는 사람들이 에너지를 많이 사용하지 않으므로 발전소도 작동을 줄이고 연료를 덜 소모한다. 사람들이 아침에 일어나 조명과 가전제품을 켜면 전력 수요가 늘어난다. 저녁에 날이 어두워지면 더 많은 조명을 켜게 되므로 수요가 늘어난다. 겨울에는 히터와 조명을 많이 사용하고, 여름에는 에어컨, 선풍기 등을 많이 사용한다. 이처럼 계절에 따라 수요가 변할 수 있다.

4.5 친환경

과학자들은 1950년대에 이르러 화석 연료 연소로 인한 이산화탄소 증가로 우리의 대기가 온난화하고 있음을 알아차렸다. 하지만 그 후로 에너지 수요는 훨씬 더 많아졌고, 오늘날의 대기에는 250년 전보다 2.5배 많은 이산화탄소가 존재한다.

연료를 태우면 다른 문제도 발생한다. 배출된 폐가스는 공기 중의 물과 반응하여 비를 더욱 산성으로 만들 수 있으며, 이는 식물과 호수에 좋지 않고, 또한 공기를 통해 건강에 문제를 일으킬 수 있다. 오늘날 엔지니어들이 직면한 큰 도전은 인류의 건강과 인류가 생존하는데 필요한 동식물의 건강을 손상시키지 않으면서도 필요한 에너지를 충족시키는 것이다.

친환경 에너지

수력 및 조력과 같은 재생 가능 에너지는 발전소를 건설할 수 있는 위치에 따라 제한된다. 풍력은 에너지를 생성하는 가장 저렴하고 효율적인 방법이지만 바람에 의존하며, 태양광 발전은 햇빛이 충분할 때만 에너지를 생산할 수 있다. 이렇듯 예측할 수 없는 에너지원 문제를 해결하기 위해서는 수요가 없을 때 에너지를 저장하여 수요가 많을 때 방출할 방법을 찾아야 한다.

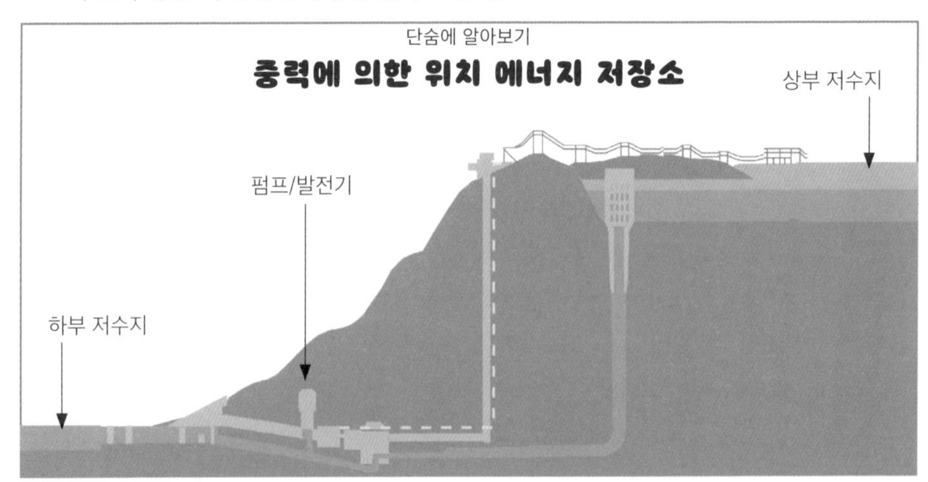

토막 상식 엔지니어들은 탄소 섬유와 같은 특수 재료를 사용하여 풍력 발전소의 날을 가볍게 만들어 풍력발전을 더 효율적으로 발전시켰다. 머지않아 터빈의 날 길이가 축구장 길이인 100미터가 될 것이다.

• 때로는 중력에너지를 저장하기 위해서 에너지를 사용해 물을 높은 곳에 있는 저수지로 끌어 올려야 한다. 이후 에너지가 필요할 때 물이 저수지에서 흘러나오면서 터빈을 돌린다.

• 배터리는 에너지를 화학적으로 저장할 수 있다. 이를 수행하는 또 다른 방법은 추가적인 에너지를 사용해 물에서 수소를 분리하는 것이다. 수소는 연소하면 물이 되는 청정에너지 연료이다.

• 플라이휠은 운동에너지 저장소이다. 여분의 에너지는 바퀴를 빠르게 돌리는 데 사용된다. 이를 진공 상태로 유지하고 마찰을 최소화하면 오랫동안 회전한다. 플라이휠은 에너지를 저장해 두었다가 필요할 때 발전기를 돌리는 방법의 하나다.

• 용융염은 미사용 에너지를 소금을 녹여 저장하는 열 저장 방법의 예시이다. 그 후 뜨거운 소금을 사용해 물을 끓이면 몇 시간 동안 물이 뜨겁게 유지된다.

플라이휠 에너지 저장 장치

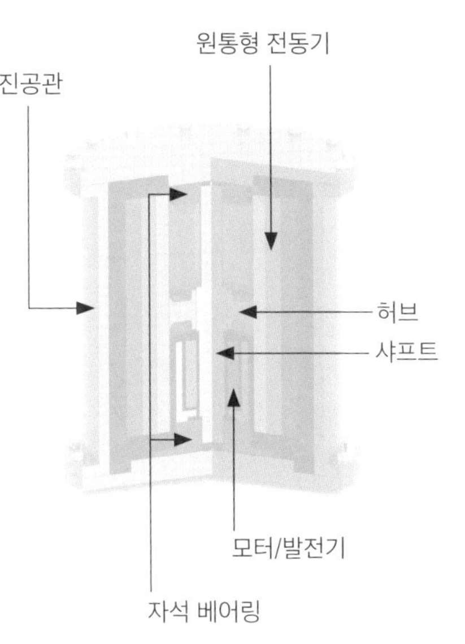

쪽지 시험

1. 지난 수십 년 동안 지구 온난화를 일으킨 가스는 무엇일까?
2. 연료를 사용하면 지구 온난화 외에도 또 어떤 문제가 생길 수 있을까?
3. 풍력과 태양광 발전과 관련된 문제를 해결하는 데 에너지 저장 방법이 어떻게 도움이 될까?
4. 에너지를 운동학적으로 저장하는 방법의 예를 들어 보자.

퀴즈

동력과 공학

1. 10만 년 전에 인간이 추운 기후에서 살아남을 수 있게 한 혁신적인 발명은 무엇일까?
   A. 소의 가축화
   B. 건축용 벽돌
   C. 불의 사용
   D. 운송용 바퀴

2. 가장 오래된 물레방아의 사용 장소와 발견 시기는 무엇일까?
   A. 15세기 중국
   B. 기원전 3~4세기 중동
   C. 기원전 2500년 고대 이집트
   D. 1715년 영국

3. 다음 중 태양에서 비롯된 에너지를 저장하지 않는 에너지원은 무엇일까?
   A. 석탄
   B. 바이오매스
   C. 지열
   D. 풍력발전

4. 전류는 무엇의 흐름일까?
   A. 전하
   B. 공기
   C. 원자
   D. 자석

5. 마이클 패러데이는 언제 전기모터를 발명했을까?
   A. 1700년
   B. 1800년
   C. 1821년
   D. 1881년

6. 다음 중 화학 전지의 중요한 부분이 아닌 것은 무엇일까?
   A. 양극
   B. 음극
   C. 전해질
   D. 자석

7. 태양 전지를 만드는 데 필요한 반도체 소자는 무엇일까?
   A. 실리콘
   B. 산소
   C. 탄소
   D. 우라늄

8. 최초의 공공 에너지 공급은 어디에서 이루어졌을까?
   A. 뉴욕
   B. 런던
   C. 고달밍
   D. 샌프란시스코

9. 전류를 낮춰 저항을 피하는 방식으로 발전소에서 가정으로 전기가 이동할 수 있게 만든 발명품은 무엇일까?
   A. 발전기
   B. 변신 로봇
   C. 레지스터
   D. 트랜지스터

10. 250년 전과 비교하여 현재 대기 중 이산화탄소 수준은 어떨까?
   A. 지금은 절반이다
   B. 비슷한 양이다
   C. 1.5배 정도 늘었다
   D. 2.5배 정도 늘었다

4장

간단 요약

인간은 음식을 먹어서 에너지를 얻지만, 우리 몸이 한 번에 저장하고 사용할 수 있는 양에는 한계가 있다. 약 10만 년 전에 인류는 나무에 불을 지펴 저장된 화학적 에너지를 사용해 음식에서 더 많은 양분을 얻고 더 추운 기후에서 살 수 있게 되었다.

- 바람처럼 유용한 방식으로 에너지를 저장할 수 있는 것을 '에너지원'이라고 부른다.
- 흐르는 전기(또는 전류)와 정전기력은 원자를 구성하는 전자와 양성자의 특성인 전하에 의한 인력과 반발력에 의해 발생한다.
- 전하는 직류 또는 교류로 방식으로 전선을 통해 흐를 수 있다.
- 태양 전지는 빛을 받으면 전류가 발생하고, 압전체는 늘어나거나 찌그러지면 전기를 생산할 수 있다.
- 발전소 내의 발전기를 작동시키면 전기를 생산한다. 발전기 중 일부는 연료를 태우거나 핵반응을 일으켜 물이 끓을 때 방출되는 에너지를 사용한다.
- 과학자들은 1950년대에 이르러 주로 화석 연료 연소에서 발생하는 이산화탄소 증가로 인해 우리의 대기가 온난화하고 있음을 알아차렸다.
- 그 후로 에너지 수요는 훨씬 더 많아졌고 오늘날의 대기에는 250년 전보다 2.5배 많은 이산화탄소가 존재한다.

5

운송 수단

엔지니어들은 더 빠르고 편리하고 안전하고 저렴한 운송을 위해 바퀴, 날개, 돛, 프로펠러, 엔진 등을 개발하여 혁신을 이어왔다. 이러한 변화는 삶을 변화시켰다. 불과 200년 전만 해도 사람들은 자신이 사는 마을 밖으로 멀리 나가는 경우가 거의 없었다. 하지만 지금은 국제적으로 여행하는 것이 쉬워졌을 뿐만 아니라 벌써 달까지 여행했다.

이번 장에서 배우는 것

- ∨ 운송
- ∨ 개인용 운송 수단
- ∨ 대중교통
- ∨ 배와 잠수함
- ∨ 비행
- ∨ 우주와 우주 너머로
- ∨ 미래의 교통수단

5.1 운송

인간은 상대적으로 느리고 약하다. 고대인들은 배에 무거운 물건을 실어 나르기 위해 해안 근처에 살기도 했다. 약 6000년 전 바퀴가 발명되면서 사람보다 더 힘이 세고 관리 비용이 저렴한 소, 말 등의 포유류를 사용해 수레를 더 쉽게 끌게 되었다. 하지만 그럼에도 불구하고 1800년대에 증기 기관이 발명되기 전까지의 운송은 여전히 느리고 비쌌다.

토막 상식 자동차는 말이 끄는 수레보다 훨씬 빠르지만, 2018년 뉴욕시의 평균 교통 속도는 7.6킬로미터에 불과하다. 이는 걷는 것과 크게 차이 나지 않는 속도이다.

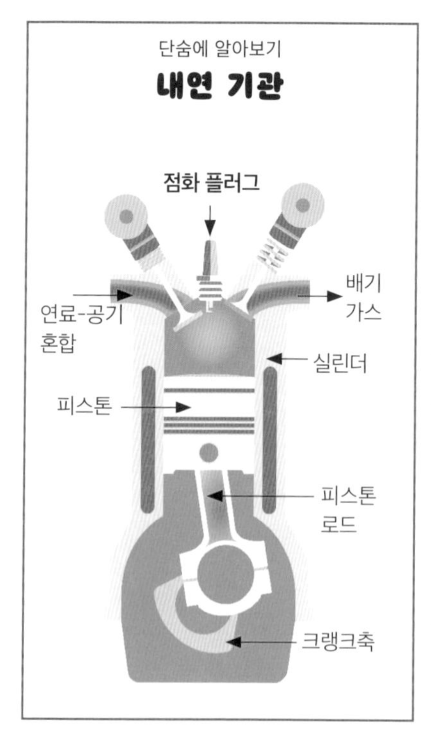

1700년대 초반에 발명된 증기 기관은 18세기 말 제임스 와트James Watt에 의해 크게 개선되었다. 때문에 동력의 단위는 그의 이름을 따서 이름 지어졌다. 증기 기관은 연료를 태워 물을 끓이고, 이때 발생한 증기로 피스톤을 밀어 바퀴를 돌릴 동력을 제공하는 구조이다. 오늘날 대부분의 차는 1800년대 중반에 발명된 내연 기관을 사용한다. 엔진 내부에서 연료가 연소하고 가스가 팽창하여 피스톤과 로터를 밀어 동력을 제공한다. 내연 기관은 증기 기관보다 작으므로 자동차, 보트, 제트기에 동력을 공급하는 데 사용된다.

연료를 태우면 오염 물질이 발생한다. 하지만 전기 모터는 배기가스를 거의 배출하지 않는다. 전기 모터는 100년 넘게 선로나 가공 케이블을 통해 전력을 공급하는 노면전차나 기차에 사용되었지만, 배터리 기술의 제약으로 인해 자동차에는 대중화되지 못했다.

개방 도로

울퉁불퉁한 비포장 도로보다는 평평한 도로 위를 주행하는 것이 더 쉽다. 도로를 만들기 전에는 번잡한 무역로 위로 동물과 사람이 끊임없이 지나다니면서 길이 만들어졌다. 하지만 이런 길은 비가 내리면 진흙탕이 되어 이동에 불편을 준다. 때문에 고대 로마인들은 유럽 전역에 걸쳐 80,000킬로미터가 넘는 돌길을 건설했다. 이들은 도로 중간을 높게 설계해 물이 측면으로 흘러가 유지 관리가 덜 필요하도록 했고, 이 도로를 통해 군대를 더 신속히 이동시킬 수 있게 되었다.

로마의 도로 건설

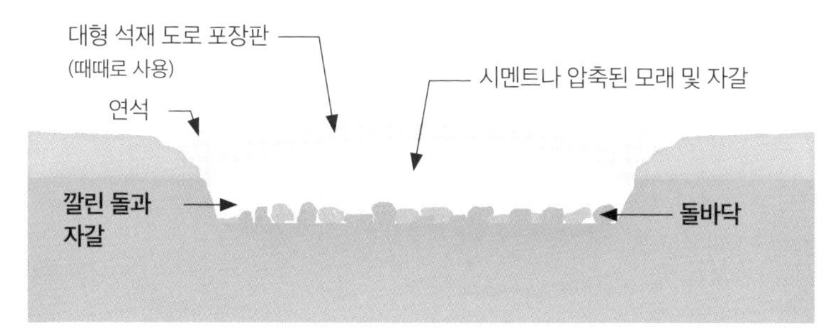

타르 포장은 9세기에 이라크에서 처음 사용되었지만 다른 곳에서는 널리 사용되지 않았다. 그러나 자동차가 발명되면서 도로를 매끄럽게 만들 필요가 생겼고, 1900년대 초반부터는 타르를 사용해 도로를 만들게 되었다.

쪽지 시험

1. 바퀴는 몇 년 전에 발명되었을까?
2. 도로보다 철도에서 전기 운송이 더 쉬운 이유는 무엇일까?
3. 로마의 도로는 왜 중간이 높게 설계되었을까?
4. 현대 도로는 어떤 물질로 만들어졌을까?

5.2 개인용 운송 수단

걷거나 뛰는 것은 느리고 피곤하다. 고맙게도 엔지니어들이 다른 여행 방법을 개발했다. 제트 스키, 스케이트보드, 오토바이, 개인용 제트기, 스쿠터, 캐러밴, 스노모빌 등이 모두 개인 이동 수단으로 사용되지만, 가장 많이 사용되는 두 가지 운송 수단은 자전거와 자동차이며 그 수는 약 10억대에 달한다.

현대의 자전거는 매우 효율적이다. 걷는 것과 같은 에너지를 사용해 자전거를 타면 보행자보다 4배 빨리 이동할 수 있으며, 평지에서 기록된 가장 빠른 속도는 약 시속 295킬로미터이다. 놀랍게도 150여 년 전 엔지니어들은 자전거를 안정적으로 유지하는 과정을 잘 이해하지 못한 채 자전거를 발명했다. 초기 자전거는 앞바퀴로 페달을 밟았기 때문에 불안정하고 조종하기 어려웠다. J. K. 스탈리J. K. Starley는 1885년

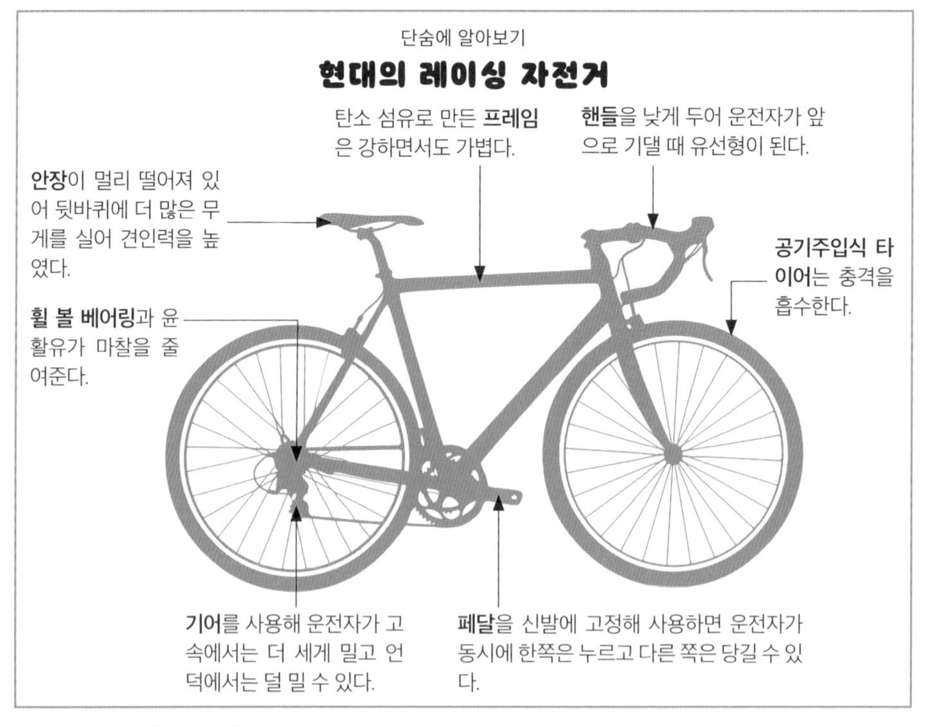

체인을 사용해 뒷바퀴를 구동하는 페달식 로버 자전거를 설계해 문제를 해결했다. 얼마 지나지 않아 공기 주입식 타이어가 도입되어 충격을 흡수하고 부드러운 승차감을 제공했다. 엔지니어들은 이후에도 자전거 성능을 개선할 수 있는 수백 가지 다른 방법들을 찾았지만, 기본 디자인은 동일하게 유지되었다.

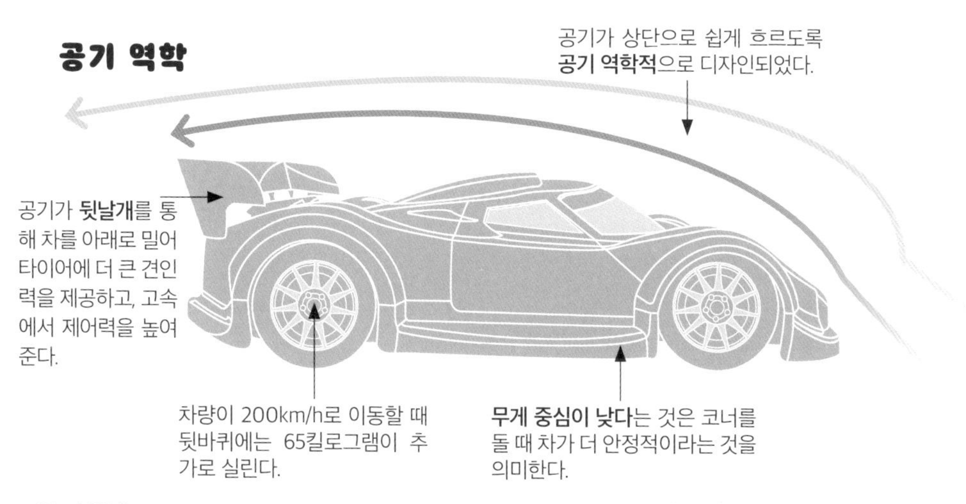

4륜 자동차

자동차의 편리함은 세계를 알아볼 수 없을 정도로 변화시켰다. 도시는 교외로 확장되었고 상품은 더 쉽고 저렴하게 배달된다. 하지만 자동차는 시끄럽고 생명을 위협할 수도 있다. 또한 주차와 교통을 수용할 수 있도록 도시 구조를 분산하기 때문에 야외 활동이나 공동체 활동 공간이 줄어들었다. 어떤 사람들에게 자동차는 편리한 교통 수단일 뿐 아니라 스포츠 또는 지위의 상징으로 사용되기도 한다. 가장 비싼 축에 속하는 자동차는 코닉세그의 CCXR 트레비타이다. 이 차의 몸체는 단단하고 가벼운 탄소 섬유로 만들어졌고, 외관은 다이아몬드 가루로 코팅되어 반짝이는 은색을 자랑한다. 대형 엔진과 유선형 디자인 및 리어 윙을 활용해 최고 속도가 409km/h에 달한다.

쪽지 시험

1. 가장 대중적인 교통수단은 무엇일까?
2. 공기주입식 타이어는 무엇을 위해 발명되었을까?
3. 왜 탄소 섬유로 자전거나 자동차를 만들까?
4. 자동차의 공기 저항을 줄이기 위해 어떤 시도를 했을까?
5. 교통수단으로써 자동차의 단점은 무엇일까?

5.3 대중교통

1800년에는 대서양을 횡단하는 데에 약 7주가 걸렸다. 이 여정은 위험하고 불편했으며 비싸기까지 했다. 오늘날 여객기를 타면 대서양을 건너는데 8시간이 채 걸리지 않고 안전하다. 대중교통이 발전하면서 사회에 큰 변화를 가져왔고 사람들, 물건들이 전 세계로 퍼져나가 섞일 수 있게 되었다. 대중교통은 개인 교통수단보다 편의성이 부족하지만, 도로를 덜 사용하고 유지 보수 및 연료 비용을 분담하기 때문에 더 저렴하고 효율적이다.

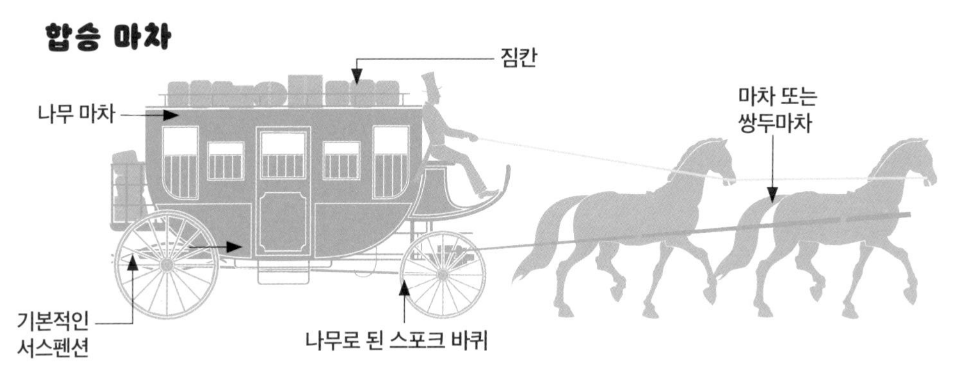

대중교통은 정해진 경로를 따라 운행하고 정해진 시간에 정차해야 한다. 1826년 스타니슬라스 보드리Stanislas Baudry는 프랑스 낭트에서 최초로 말이 끄는 합승 마차 아

단숨에 알아보기

자기부상열차

자기 부상 열차는 두 세트의 자석을 사용한다. 한 세트는 열차를 선로 위로 밀어내고 다른 한 세트는 마찰이 없는 상태의 열차를 앞으로 이동시키는 역할을 한다.

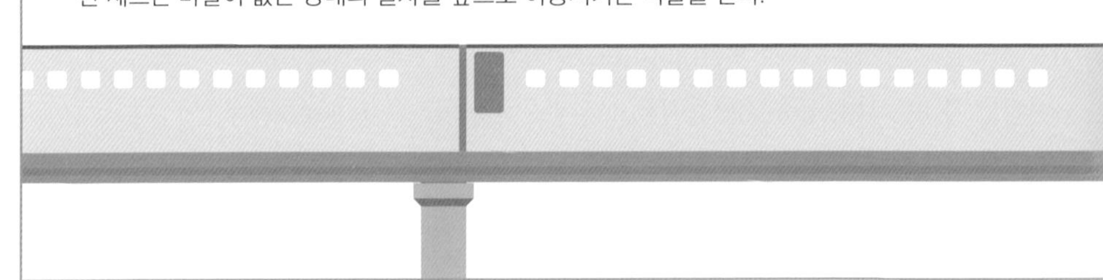

이디어를 실현했다. 보드리는 그의 합승 마차가 마을 외곽에 있는 온천 방문을 쉽게 만들 것으로 예상했다. 비록 사람들이 온천에 방문하지는 않았지만, 이 서비스가 매우 유명해지자 그는 파리에서 합승 마차 사업을 시작했고, 3년 만에 런던으로 사업을 확장했다. 도시에서는 교통 문제를 해결하기 위해 지하철이 사용됐다. 첫 지하철은 1863년 증기 기관차를 사용한 런던의 지하철이었다. 하지만 역사내 환기 문제로 증기와 그을음 때문에 많은 이들이 기절하곤 했다. 이후 1890년에 2개의 전기 레일로 구동되는 전기 기차가 도입되었다.

고속 여행

항공 여행은 전 세계를 여행할 수 있게 해주지만, 승객당 많은 연료를 사용해 기후 변화에 큰 영향을 미치는 이산화탄소 배출한다(86페이지 참조). 기차는 비행기보다는 느리지만, 연료를 덜 사용하고 빠르게 달릴 수 있다. 가장 빠른 열차는 일본의 L0 시리즈 자기 부상 열차인데, 이는 자석을 사용하여 트랙 위에 뜨기 때문에 움직이는 부품이 없어 마찰을 일으키지 않는다.

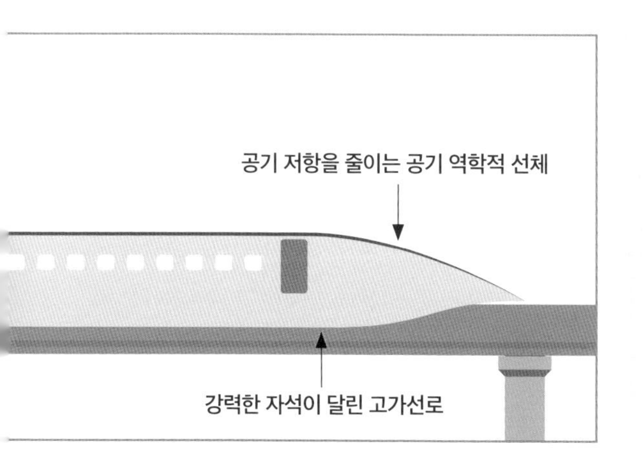

토막 상식

가장 긴 철도 노선은 북한의 평양과 러시아의 모스크바를 잇는다. 길이는 10,267킬로미터이고 이 선로 위에는 157개의 정거장이 있으며 편도로 8일이 걸린다.

쪽지 시험

1. 대중교통이 개인 교통수단보다 좋은 점은 무엇일까?
2. 합승 마차 서비스는 언제 시작됐을까?
3. 최초의 지하철은 무엇일까?
4. 장거리 여행에서 비행기보다 기차가 나은 점은 무엇일까?
5. 자기 부상 열차가 적은 에너지로 더 빨리 달릴 수 있는 이유는 무엇일까?

5.4 배와 잠수함

수십만 년 전 사용된 최초의 배는 나무 속을 파내고 노를 저어 동력을 얻는 형태였다. 수천 년 동안 바람이 배를 구동하는 에너지원이었지만, 이후 엔진이나 원자로가 에너지원으로 사용되었다. 배는 무거운 물건을 멀리 운반하는 데 사용되기도 하지만, 많은 사람이 단순히 재미를 위해 배를 몰거나 타기도 한다.

'부력'은 기원전 212년 그리스의 공학자인 아르키메데스Archimedes가 처음 기록했지만 실제로는 훨씬 더 오래 전부터 사용됐다. 그는 떠 있는 물체에 가해지는 위로 향하는 힘이 밖으로 밀려나는 유체의 무게와 같다는 것을 깨달았다. 35세제곱피트의 물의 무게는 약 1,000킬로그램, 즉 1톤에 가깝다. 무게가 1톤인 배를 물에 띄우기 위해서는 배의 부피가 35세제곱피트보다 더 커야 한다. 그렇지 않으면 물보다 밀도가 높아서 가라앉는다.

배 뒤쪽에 방향타를 달아 조종하기 시작한 것은 1세기 중국에서였다. 방향타가 회전하면 배의 한쪽에서 항력이 증가해 회전한다. 바이킹들은 배의 흔들림을 줄이기 위해 '용골'이라는 혁신적인 구조를 발명했다. '밸러스트' 역시 배의 바닥에 여분의 무게를 실어 무게 중심을 낮춰서 안정감을 더해준다.

동력 보트는 회전할 때 물을 뒤로 밀어내는 프로펠러에서 추진력을 얻지만, 범선은 바람을 사용해 배를 밀어낸다. 초기 돛은 정사각형이었고 뒤에서 바람이 불어야 작동했다. 삼각돛이 언제 처음 등장했는지는 알려지지 않지만, 삼각돛을 사용해 바람을 가르고 지그재그로 움직이는 태킹이 가능하게 되었다.

잠수함

1620년 네덜란드의 발명가 코르넬리스 드레벨Cornelis Drebbel이 런던 템스강에서 기록상 최초의 잠수함을 시연했다. 이 잠수함은 노를 사용해 움직이고 3시간 이상 잠영했다. 잠수함은 공기탱크 안팎으로 물을 펌프질해서 부력을 조정하는 방식으로 오르내리지만, 연료를 태우기 위해 공기가 필요하므로 잠수함에 동력을 공급하기란 어렵다. 어떤 잠수함은 배터리나 원자로를 사용해 몇 달씩 잠영을 이어 가기도 한다. 이때 잠수함은 전기로 물을 분해해 산소를 얻고, 물속의 엄청난 압력을 견디기 위해 두꺼운 금속 면으로 만들어진다.

토막 상식 드레벨은 잠수함 내부 공기를 상쾌하게 유지하려고 초석 가열과 관련된 화학적 반응을 사용했다. 오늘날 우리는 그 반응이 산소를 방출한다는 것을 알고 있지만 놀랍게도 이것은 150년간 제대로 발견되지 않았다.

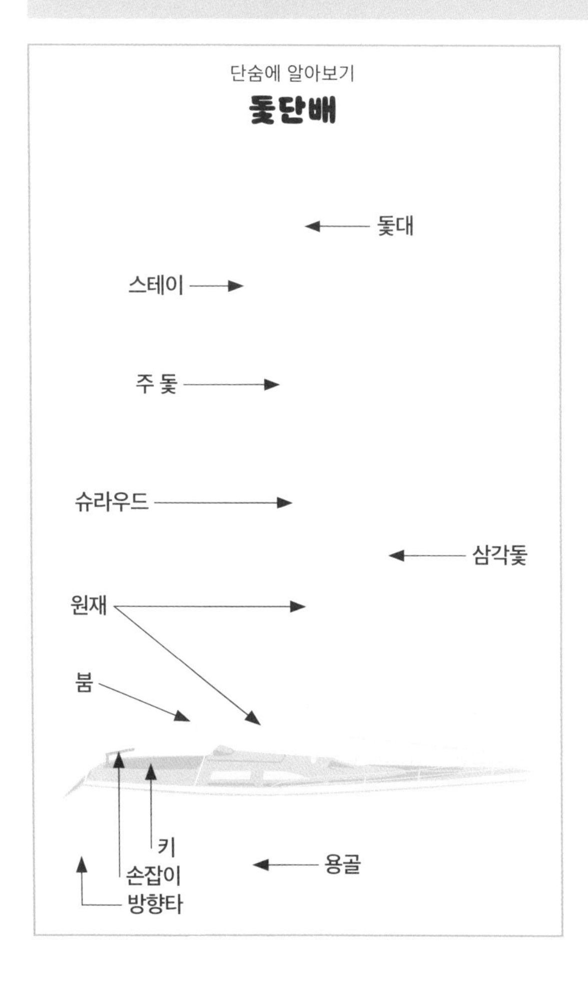

쪽지 시험

1. 보트에 동력을 공급하는 다섯 가지 방법을 나열해보자.
2. 아르키메데스의 부력 법칙이란 무엇일까?
3. 방향타에 가해지는 힘은 보트의 조종을 어떻게 도울까?
4. 삼각돛이 범선 설계에서 중요한 혁신이었던 이유는 무엇일까?
5. 잠수함은 잠영 깊이를 어떻게 제어할까?

5.5 비행기

1783년 최초로 사람을 태우고 비행한 몽골피에 형제의 열기구는 부력을 사용하도록 디자인되었다. 비행기는 날개의 힘으로 들어 올려지며 날개의 모양이나 각도를 조정함으로써 다른 어떤 형태의 운송 수단보다 빠르게 이동할 수 있다. 1903년 노스캐롤라이나에서 라이트 형제가 최초로 유인 비행기를 만들었다.

액체나 기체가 통과할 때 한쪽이 다른 쪽보다 더 많이 밀리도록 설계된 모양을 '에어포일'이라고 부른다. 이 모양은 두 가지 방법으로 비행기가 나는 데 도움이 된다. 에어포일을 아래쪽으로 기울이면 날개 바닥에 더 많은 공기 저항이 생겨 선체가 위쪽으로 밀린다. 또한 날개는 '베르누이 효과'를 활용한다. 1738년 다니엘 베르누이Daniel Bernoulli는 액체나 기체가 빠르게 움직일 때 더 적은 압력을 가한다는 사실을 발견했다. 날개 위를 지나갈 때의 경로가 아래를 지날 때의 경로보다 더 길므로 위를 지나가는 공기가 더 빨리 움직인다. 따라서 날개 위에 압력이 더 적게 가해져 날개가 위쪽으로 밀린다. 가장 큰 여객기는 에어버스 A380-800로 715톤 이상의 무게를 버틸 수 있고, 최대 850명의 승객을 태울 수 있으며, 14,800킬로미터를 날 수 있다. 이 비행기는 너비 3미터의 터보팬 제트 4개를 사용해 전방 추진력을 얻으며 모든 제어 장치는 전자식이다. 이 비행기에는 수천 개의 센서가 장착되어 있어 안전하고 부드럽게 비행할 수 있다.

토막 상식

1901년 슬로바키아의 발명가인 헤르만 간스윈트Hermann Ganswindt가 최초로 성공적인 유인 헬리콥터를 설계했다. 사실 이것은 사람들을 우주에 보내는 시스템 설계 결과의 일부였다. 헬리콥터를 사용해 로켓을 띄운 다음, 다이너마이트 동력 엔진을 사용해서 로켓을 우주에 보낼 계획이었다.

헬리콥터와 드론

비행기는 날개에 양력을 생성하기 위해 앞으로 나아가야 하지만, 헬리콥터와 드론은 기울어진 에어로폴이 달린 회전 로터를 사용해 호버링(일정한 고도를 유지한 채 움직이지 않는 상태)할 수 있다. 즉, 활주로 없이 이륙할 수 있어 교통 체증을 피하거나 환자를 이동시키는 목적으로 사용할 수 있다.

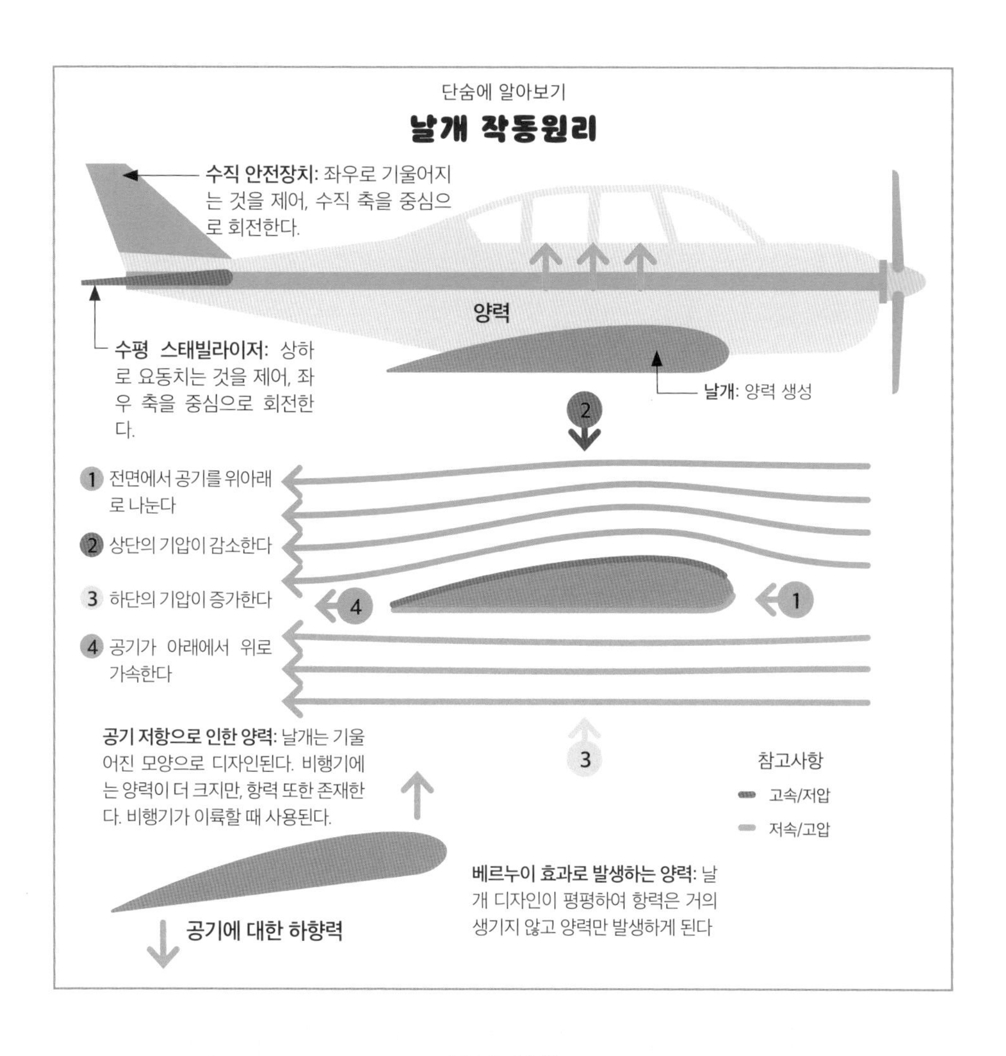

쪽지 시험

1. 인간이 비행한 최초의 운송 수단은 무엇일까?
2. 에어포일이란 무엇일까?
3. 비행기 날개가 양력을 발생시키는 두 가지 방법은 무엇일까?
4. 헬리콥터가 구급 목적으로 사용되는 이유는 무엇일까?

5.6 우주와 우주 너머로

물체가 지구의 대기를 벗어나려면 최소 40,270km/h로 움직여야 한다. 이러한 속도를 달성하는 유일한 방법은 로켓을 사용하는 것인데, 1945년 이후 로켓 기술은 사람을 우주로 보낼 수 있을 만큼 발전했다. 심지어 이제는 민간 기업이 가까운 미래에 우주 관광을 실현할 수 있는 기술을 개발하고 있다.

냉전 내내 미국과 소련은 우주 경쟁에서 서로를 이기기 위해 경쟁했고, 1957년 소련이 최초의 인공위성 스푸트니크를 발사했고 1961년에는 인류 최초의 우주인 유리 가가린Yuri Gagarin을 우주로 보내 2시간 안에 지구 한 바퀴를 도는 데 성공했다.

미국은 달에 사람들을 보내는 아폴로 프로젝트로 대응했다. 아폴로 프로젝트는

단숨에 알아보기

아폴로 유인 우주선의 달 착륙

아폴로 달 착륙선은 아폴로 프로그램 기간 달 궤도에서 달 표면으로 날아간 착륙선이다. 이는 우주의 진공에서 항해한 최초의 유인 우주선이었고, 오늘날까지도 지구 외 천체에 착륙한 유일한 유인 우주선이다.

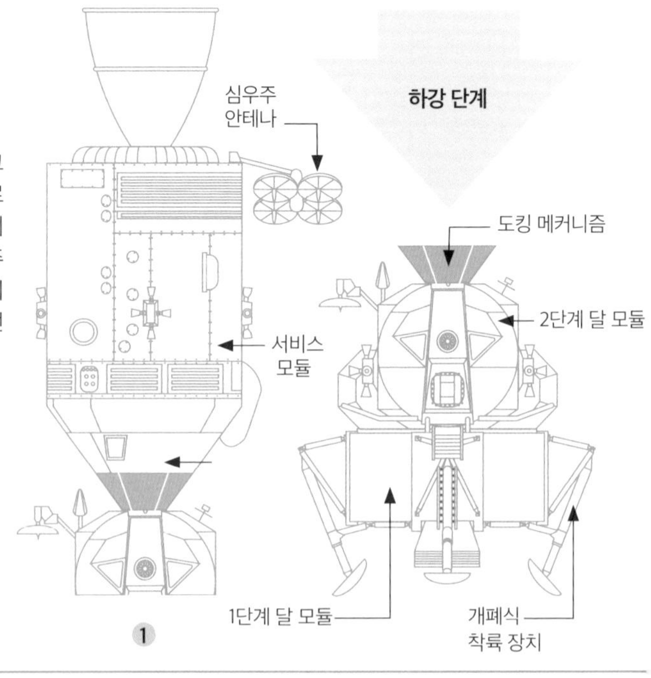

토막 상식 우주선의 화장실은 진공청소기처럼 모든 것을 빨아들이고 수분을 모은다. 이 수분은 폐수를 처리한 뒤에는 음용 및 목욕용으로 재사용한다. 역겹게 들릴 수도 있지만, 이 물은 우리가 지구에서 마시는 어떤 것보다 깨끗하다.

1,500억 달러 이상의 예산을 사용하고 400,000명 이상의 직원을 고용한 역사상 가장 야심 찬 공학 프로젝트였다. 1969년 달에 착륙한 첫 우주선 아폴로 11호 이후 4개의 유인 우주선이 달에 갔지만 1972년 이후에는 유인 우주선이 달에 가지 않았다.

냉전이 종식되자 여러 나라가 협력하여 국제 우주 정거장을 만들었다. 정거장은 410킬로미터 높이에서 지구를 공전하며, 탑승한 우주비행사들은 다른 행성으로 여행을 준비하는 방법을 이해하는 데 도움이 되는 실험을 한다.

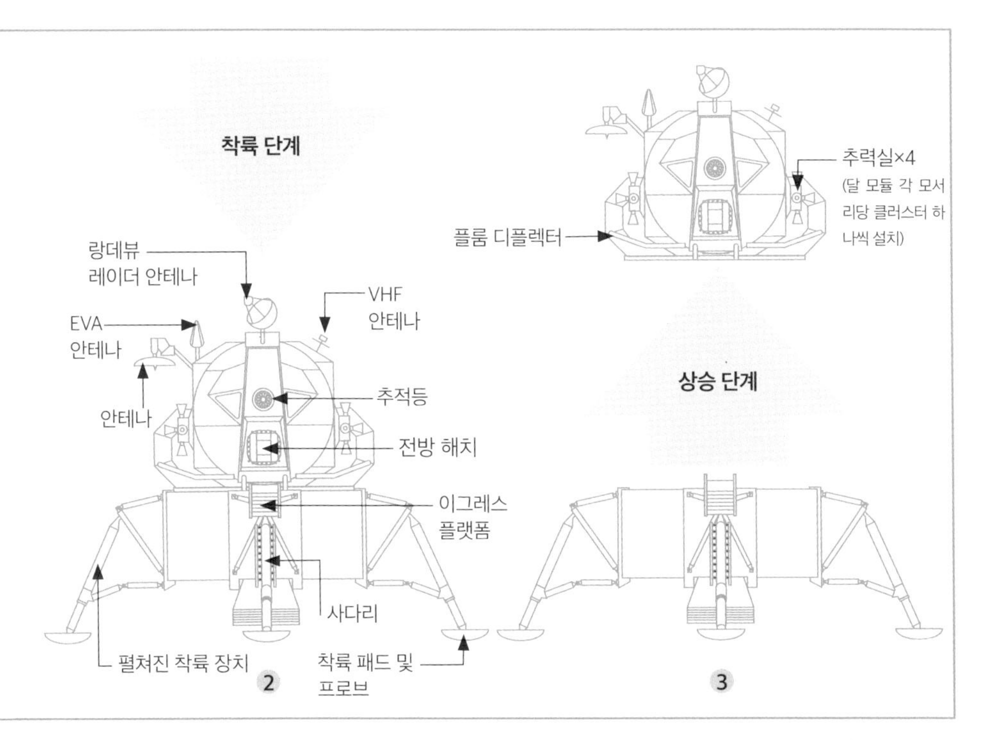

우주여행은 왜 어려울까?

우주여행에는 여러 가지 문제가 있지만, 엔지니어들은 인간이 지구 대기권을 떠날 수 있는 기발한 해법들을 찾았다.

- **대기권 이탈**

다단계 로켓은 서로 다른 로켓이 결합한 것으로 단계적으로 점화된다. 첫 번째 로켓의 연료가 다 소진되고 떨어져 나가면서 전체 로켓의 무게가 줄어든다. 따라서 다단계 로켓은 연료를 덜 사용하고 대기의 다양한 높이에 최적화된 다양한 로켓과 연료를 사용할 수 있다.

- **재진입**

우주선이 대기권으로 재진입하면 25,000km/h 이상의 속도로 이동하게 되고 공기 저항이 커 위험할 정도로 가열된다. 엔지니어들은 물체가 둥글고 뭉툭할 때 덜 가열된다는 사실을 발견했다. 또한 내부가 뜨거워지지 않도록 내열 타일로 우주선을 덮었고 열을 내부로 전달하지 않도록 설계된 특수 표면을 사용한다.

- **진공 상태에서의 생활**

우주에는 공기가 없으므로 우주비행사를 안전하게 보호하려면 우주선과 우주복 내부의 공기와 기압이 지구 표면과 같아야 한다. 작은 구멍이라도 있으면 공기가 빠져나가 압력이 치명적으로 떨어질 수 있다. 우주선은 물에서 산소를 생산하여 내부의 대기를 제어하며 예비로 산소병을 갖추고 있다.

- **무중력상태**

미세 중력에 오랜 시간 있으면 건강에 문제가 발생한다. 규칙적으로 운동을 하지 않으면 심장과 다른 근육이 덜 사용되면서 약해지기 때문에 우주선에는 운동기구가 배치되어 있다.

우주비행사의 트레드밀

진동 격리 안정화 시스템이 있는 트레드밀(TVIS)은 국제 우주 정거장에서 사용하기 위한 트레드밀이며, 우주비행사가 정거장 내의 다른 실험실에 미세한 중력으로 인한 영향을 주지 않고 뛸 수 있도록 설계되었다.

토막 상식

로켓은 원래 13세기 중국에서 전쟁에 사용하기 위한 미사일로 개발되었다.

• 우주 방사선

우주는 우주선을 통과하는 위험한 방사선으로 가득 차 있다. 인간은 방사선에 장시간 노출되면 사망한다. 국제 우주 정거장은 지구 자기장에 의해 보호되지만, 행성 사이를 이동하다 방사선이 폭발하면 우주비행사는 납실에 숨어 있거나 신체 기관을 보호하는 특수 조끼를 입어 피해를 최소화한다.

쪽지 시험

1. 최초의 로켓은 언제 어디서 발명되었을까?
2. 최초의 인공위성은 무엇일까?
3. 우주여행이 어려운 이유 다섯 가지를 나열해 보자.
4. 우주선이 지구 대기권으로 재진입할 때 과열되어 타는 것을 어떻게 하면 피할 수 있을까?
5. 왜 우주비행사들은 종종 납실에서 시간을 보내게 될까?

5. 7 미래의 교통수단

미래의 교통수단은 우리가 더 빠르고 안전하게 이동할 수 있게 해줄 것이다. 엔지니어는 항상 더 편리하고 효율적이며 환경에 덜 해로운 운송 방법을 찾고 있다. 미래의 운송 수단은 기후 변화를 일으키는 오염 물질을 만드는 연료를 태우지 않는 방법으로 동력을 공급받아야 하며 컴퓨터로 제어해 더 안전할 것이다.

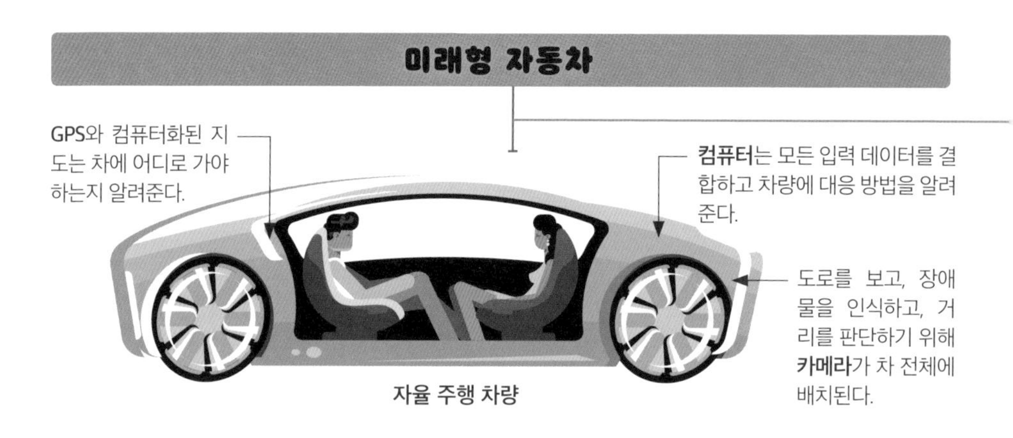

자율 주행 차량

자율 주행

자율 주행 자동차는 스스로 운전할 수 있는 자동차이다. 컴퓨터와 전자 센서가 향상됨에 따라 엔지니어는 인간 운전자보다 더 빠르게 반응하여 더 안전하게 주행이 가능한 차량을 만들고 있다. 차끼리 서로 통신할 수 있으므로 앞차가 브레이크를 밟으려는 시점을 알 수 있다. 따라서 지금보다 더 빠른 속도로 서로 더 가깝게 운전할 수 있다. 또한 교통 체증을 줄이기 위해 경로와 속도를 조정할 수 있다. 자율 대중교통은 운전기사가 없어 운영 비용이 감소하므로 자율 주행하는 차량을 빌려 원하는 곳으로 저렴하게 이동하는 것이 능해질 것이다.

쪽지 시험

1. 자율 주행이 사람이 운전하는 것보다 더 안전한 이유는 무엇일까?
2. 진공 터널은 장거리 여행을 어떻게 개선할 수 있을까?
3. 하늘을 나는 자동차의 장점은 무엇일까?
4. 왜 스페이스셔틀이 다단계 로켓보다 저렴할까?

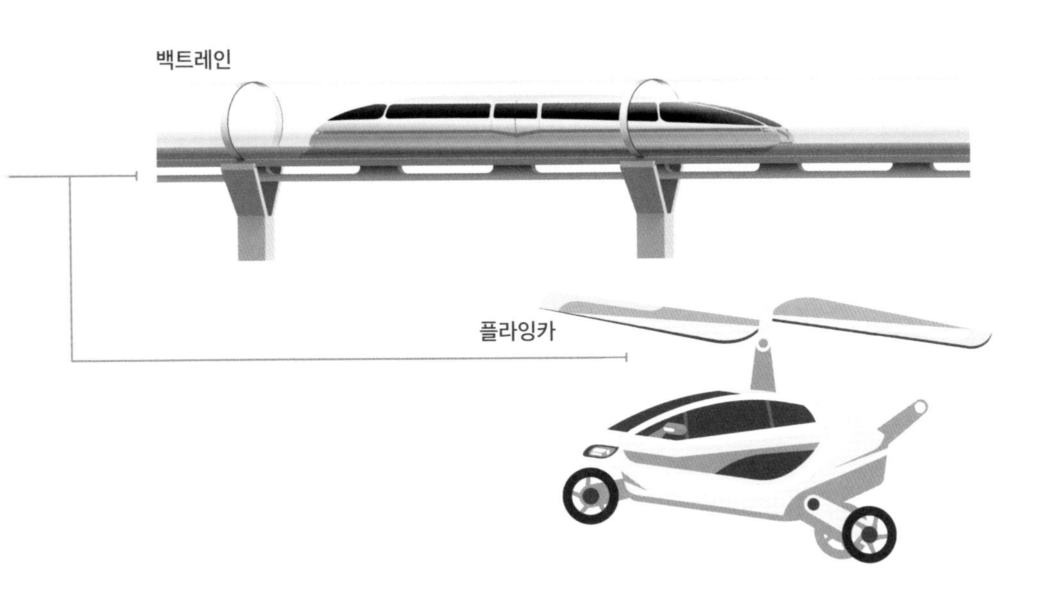

백트레인(vactrains)

운송 수단은 공기 저항을 극복하기 위해 에너지를 사용하는데, 속도가 빠를수록 공기 저항이 커지므로 빠르게 운행하는 것은 비효율적이다. 엔지니어들은 공기가 제거된 진공 터널을 통과하여 최대 8,000km/h의 속도에 도달할 수 있는 자기 부상 열차를 제안했다. 이런 터널을 통해 대서양을 한 시간에서 두 시간 사이에 횡단할 수 있게 될 것이다.

퀴즈

운송 수단

1. 국제 우주 정거장은 얼마나 높은 곳에서 지구를 공전할까?
   A. 1,600킬로미터
   B. 1.6킬로미터
   C. 1,230킬로미터
   D. 255킬로미터

2. 가장 초기의 교통수단은 무엇이었을까?
   A. 보트
   B. 자동차
   C. 기차
   D. 말과 마차

3. 다음 중 로마 도로의 장점이 아닌 것은 무엇일까?
   A. 매끄러운 활주로처럼 만들어졌다
   B. 물이 빠지도록 중간이 더 높게 만들어졌다
   C. 길고 곧은 길을 만들었다
   D. 유지보수가 거의 필요하지 않다

4. 안정적인 자전거를 만든 J. K. 스탈리의 주요 혁신은 무엇일까?
   A. 바퀴에 타이어를 달았다
   B. 체인을 사용해 뒷바퀴로 구동했다
   C. 체인을 사용해 앞바퀴로 구동했다
   D. 안장을 더 앞으로 위치시켰다

5. 지금까지 만들어진 것 중 가장 비싼 자동차의 차체는 어떤 자재로 만들어졌을까?
   A. 구리
   B. 플라스틱
   C. 탄소 섬유
   D. 강철

6. 1826년 최초의 합승 마차에 동력을 제공한 것은 무엇일까?
   A. 증기 기관
   B. 전기 모터
   C. 사람
   D. 말

7. 보트 구성품인 용골의 목적은 무엇일까?
   A. 바람의 에너지를 전환하여 배를 움직인다
   B. 배를 조종한다
   C. 배가 흔들리는 것을 막아준다
   D. 돛을 들어 올린다

8. 사람을 태우고 날았던 최초의 기계는 무엇일까?
   A. 라이트 형제의 비행기
   B. 몽골피에 형제의 열기구
   C. 간스윈트의 헬리콥터
   D. 드레벨의 잠수함

9. 아폴로 우주 프로젝트의 목적은 무엇이었을까?
   A. 사람들을 달에 보내는 것
   B. 사람들을 태양으로 보내는 것
   C. 사람들을 궤도로 보내는 것
   D. 위성을 우주로 보내는 것

10. 자율 주행차란 무엇일까?
   A. 배기가스 배출이 없는 차량
   B. 자동 기어가 장착된 차량
   C. 운전과 비행이 가능한 차량
   D. 스스로 제어하는 차량

5장

간단 요약

엔지니어들은 더 빠르고 편리하고 안전하고 저렴하게 운송하기 위해 바퀴, 날개, 돛, 프로펠러와 엔진을 개발하여 혁신을 이어왔다.

- 1700년대 초반에 발명된 증기 기관은 18세기 말 제임스 와트가 크게 개선했다.
- 고대 로마인들은 유럽 전역에 걸쳐 80,000킬로미터가 넘는 도로를 건설했다.
- 자전거 타는 사람은 같은 양의 에너지를 사용하는 보행자보다 4배 더 빨리 갈 수 있다.
- 자동차의 편리함과 인기는 알아볼 수 없을 정도로 세계를 변화시켰다. 도시는 교외로 확장되었고 상품은 더 쉽고 저렴하게 배달할 수 있게 되었다.
- 첫 지하철은 1863년 증기 기관차를 사용한 런던의 지하철이었다.
- 동력 보트는 회전할 때 물을 뒤로 밀어내는 프로펠러에서 추진력을 얻지만 범선은 바람을 사용하여 배를 밀어낸다.
- 비행기는 날개에 작용하는 힘(베르누이 효과)으로 들어 올려진다.
- 1969년 달에 착륙한 첫 우주선인 아폴로 11호 이후 4개의 유인 우주선이 달에 갔지만 1972년 이후에는 유인 우주선이 달에 가지 않았다.
- 미래의 운송수단은 기후 변화를 일으키는 오염 물질을 만드는 연료를 태우지 않는 방법으로 동력을 공급받아야 하며 컴퓨터로 제어해 더 안전할 것이다.

6

기계

공학이라고 하면 가장 먼저 떠오르는 것이 기계이다. 자동차 부품을 찍어내는 거대한 공장 단위의 기계부터 평범한 쥐덫에 이르기까지 엔지니어들은 단순한 재료에 물리학을 적용해 우리 삶을 더 쉽게 만들어주고 있다.

이번 장에서 배우는 것

- ∨ 간단한 기계
- ∨ 동력으로 작동하는 기계
- ∨ 시간 측정
- ∨ 로봇 공학
- ∨ 지능형 기계
- ∨ 양자 컴퓨팅
- ∨ 멋진 기술

6.1 간단한 기계

집에 있는 기계 중에서 구조가 가장 간단한 것은 무엇인가? 어쩌면 시계가 떠오를지도 모른다. 이런 간단한 기계 말고도 많은 복잡한 기계들이 존재하지만, 그것들도 마찬가지로 레버, 바퀴 도르래, 나사와 같은 구성 요소로 만들어진다.

복잡한 기계적 장치들은 단순한 기계들로 이루어진다. 예시를 살펴보자.

지렛대

황당하겠지만 빗자루는 사실 기계다. 빗자루의 원리는 세게 누르는 힘을 멀리 휩쓰는 동작으로 변환시켜 작은 것들을 옮기는 것이다. 삽과 낚싯대 역시 이러한 지렛대의 원리를 이용한다. 모든 지렛대는 "지렛목(받침점)"이라는 지점에서 회전하여 힘을 변경하는 막대이다. 한 손은 지렛목이 되고, 다른 손은 빗자루를 움직여 먼지와 같은 물체의 하중 위치를 바꾸는 힘을 가하게 된다.

바퀴

바퀴는 어떤 면에서는 원형 레버와 비슷하다. 한 부분을 조금 밀면 다른 부분이 이동한다. '차축'이라고 하는 축은 바퀴 중앙에서 작은 원을 그리며 회전한다. 이 부분이 회전하도록 힘을 가하면 더 큰 원인 바퀴가 같이 회전하여 더 멀리 움직일 수 있다. 지레와 달리 바퀴는 수평 운동을 원형으로 바꾸어 힘의 방향을 바꿀 수 있다. 이런 방식으로 마찰을 더 쉽게 극복할 수 있으므로 물체를 굴리는 것이 끌어서 옮기는 것보다 훨씬 쉽다.

"일"이라는 단어는 물리학에서 특정한 의미를 가진다. 일은 물체를 일정한 거리만큼 움직이게 하는 힘이다. 공을 차서 20미터 떨어진 골대에 넣었다면 일을 한 것이다. 마찬가지로 상자를 2미터 만큼 들어 올리는 기계 또한 일한 것이다. 일의 양을 구하는 공식은 W= F×d인데 이때 F= 물체가 움직이는 방향으로 가해지는 힘, d= 물체가 움직인 거리이다.

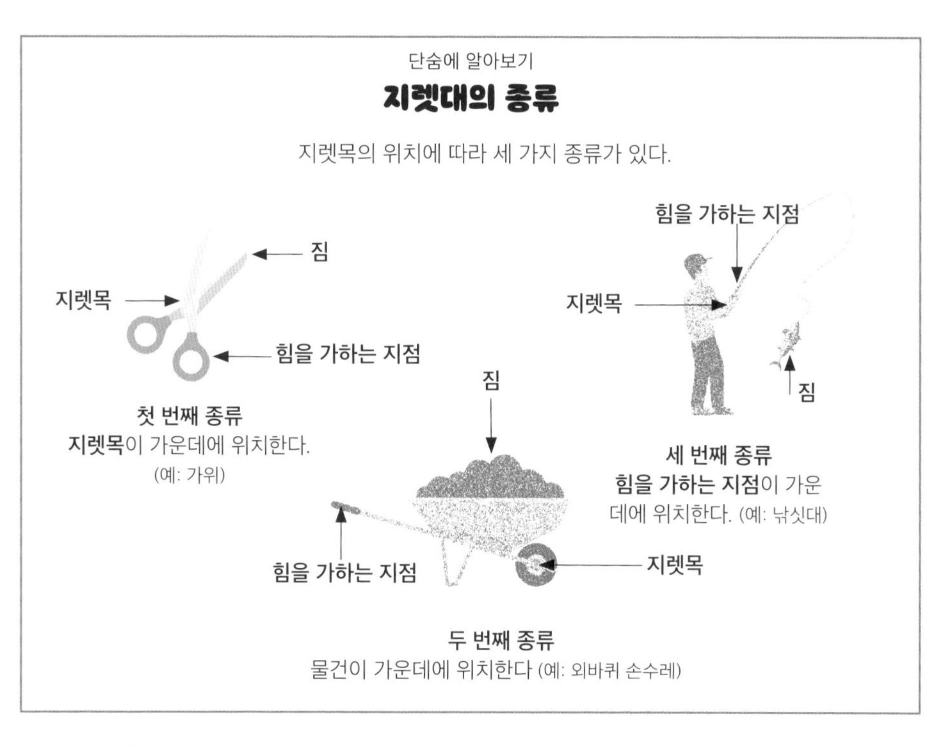

경사면

사람들은 수 세기 동안 고대 이집트인들이 피라미드를 아찔한 높이까지 쌓을 수 있었던 원리를 궁금해했다. 이집트인들은 긴 경사로를 사용해 그 위업을 달성할 수 있었다. 경사로는 기울어진 표면 또는 평면으로 물건을 들어 올리는 데 필요한 힘을 넓은 거리로 분산시켜 작업이 보다 쉬워진다.

가파른 산에 오르는 것을 생각해 보자. 정상까지의 거리가 짧아도 산을 오르는 것은 어렵다. 이제 등산로가 있는 산을 상상해 보자. 계단을 오를 때와 마찬가지로 수평으로 이동하는 양이 수직으로 이동하는 양보다 크기 때문에 정상까지 오르는 것은 덜 힘들겠지만, 시간은 더 오래 걸릴 것이다.

쪽지 시험

1. 간단한 기계의 종류를 세 가지 적어보자.
2. 지렛대가 회전하는 위치를 무엇이라고 부를까?
3. 경사로를 사용하면 작업이 쉬워지는 이유를 설명해 보자.
4. 물리학에서 "일"은 무엇을 의미할까?

6.2 동력으로 작동하는 기계

대부분의 기계는 사용자의 물건을 근력에 의존해 자르고, 파고, 들어 올리고, 회전시키고, 미는 작업을 수행한다. 또한 다른 에너지원을 사용해 힘을 전달할 수도 있다. 태양이나 화석 연료의 화학 결합 또는 배터리에 저장된 전하처럼 거의 모든 에너지원은 기계에 적용될 수 있다.

'엔진'은 에너지를 변환해 작동하는 기계이다. 엔진은 지렛대나 바퀴처럼 간단한 기계를 사용해서 에너지원을 작업에 용이한 형태로 변환한다. 엔진은 다양한 모양, 크기, 재료, 구조로 만들어지지만, 기본적인 유형은 몇 가지로 정리될 수 있다. 어떤 유형은 유체가 압축된 후 또는 가열될 때 팽창하는 유체의 부피에 기반한다. 이때 유체를 가열하는 열은 화석 연료를 태우거나, 핵분열, 또는 태양열에서 얻을 수 있다. 또 다른 유형의 엔진은 자기와 전류 사이의 상호 작용에 기반한다. 이는 흐르는 전자를 사용해 별도의 자기장을 밀어내는 방식으로 간단한 기계를 움직이며 매우 높은 전압을 만들어낼 수도 있다.

토막 상식

힘의 단위는 제임스 와트의 이름을 따서 만들어졌다. 1와트(W)는 1줄(J)의 에너지가 초당 변환되는 양과 같다.
초기의 증기 펌프기를 만든 엔지니어들은 '마력'이라는 단위를 사용해 전통적으로 말이 수행하던 작업과 자신들의 발명품을 비교했다. 오늘날의 1미터법에 따른 마력은 735.5와트에 해당한다.

산업 혁명

18세기 중반 무렵 기계를 만드는 방식이 바뀌기 시작했다. 그 원인 중에는 전원 공급 방식의 변경이 있다. 팽창하는 증기를 많은 양의 에너지로 변환할 수 있는 증기 엔진도 개발되었다. 증기 기관은 수 세기 동안 사용됐지만, 17세기와 18세기에 제작 기술이 발전하고 개선된 디자인이 발명됨으로써 엔진이 훨씬 더 많은 힘을 생산하고 그 힘을 쉽게 제어할 수 있게 되었다. 이러한 혁신은 전례 없는 속도와 힘으로 직물을 직조하고, 땅을 파고, 물을 퍼 올리고, 물건을 운반할 수 있는 커다란 기계의 발명으로 이어졌다.

최초의 증기 기관은 침수된 광산에서 물을 제거하기 위해 만들어졌다. 영국의 엔지니어 토머스 세이버리Thomas Savery는 압력을 사용한 요리에 적용되는 물리학을 증기 기관에 적용해 실린더 내부 피스톤이 위아래로 움직이는 것에 기반한 엔진을 개발했다. 이후 세이버리의 모델이 개선되면서 파이프와 체임버를 사용해 증기로 새어 나가던 물을 유지하면서 냉각 및 가열할 수 있는 시스템이 탄생했다. 1700년대 후반 스코틀랜드의 발명가 제임스 와트는 증기 구동 엔진에 기능을 추가해 제어하기 쉽고 효율적으로 만들었고, 이것은 산업 혁명을 촉발했다.

최초의 전동 모터

최초의 전기 엔진은 1821년 영국 과학자 마이클 패러데이Michael Faraday가 만들었다. 그는 용기에 자석을 넣고 수은을 채운 뒤 와이어를 걸었다. 전류가 와이어를 통해 흐르면 자기장을 형성하게 되고 자석의 자기장과 서로 밀기 때문에 전선이 회전한다.

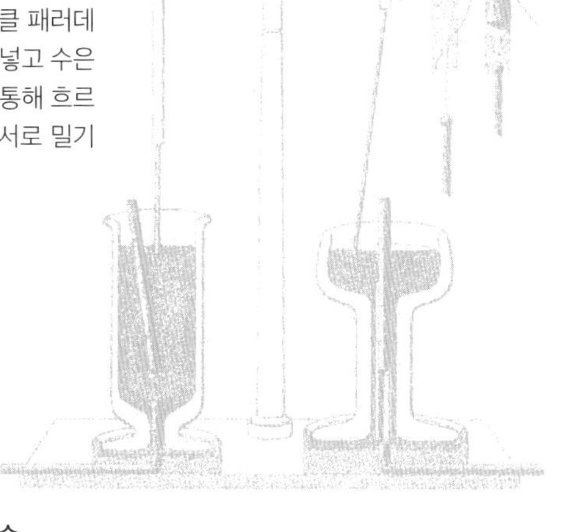

증기솥

증기 동력 엔진에 대한 가장 오래된 기록 중 하나는 2000년 전으로 거슬러 올라간다. 알렉산드리아의 헤로Hero라는 엔지니어가 '아이올리필(Aeolipile)'이라는 장치를 고안했다. 이 장치는 체임버 내부의 물을 가열해 만든 증기를 한 쌍의 튜브에서 방출해 장치가 축을 중심으로 회전하게 만든다.

쪽지 시험

1. 엔진은 어떤 역할을 할까?
2. 엔진의 두 가지 기본 유형은 무엇일까?
3. 마력은 무엇을 측정한 것일까?
4. 18세기에 엔진은 어떻게 변화했을까?
5. 최초의 증기 기관은 어떤 역할을 하도록 설계되었을까?

6.3 시간 측정

오늘날의 바쁜 세상에서는 1분 1초가 중요하다. 수천 년 또는 수백 년에 걸친 공학 혁신 덕분에 우리는 시간을 초 단위로 셀 수 있게 되었다.

고대의 해시계와 모래시계는 오랫동안 시간을 나타내는 역할을 수행해왔다. 14세기에 발명된 '이스케이프먼트'는 톱니가 달린 고리로, 하루를 정확한 분수로 나눌 수 있는 최초의 장치였다. 이것을 처음 고안한 사람이 누구인지, 중세 최초의 시간 측정 장치가 어떻게 사용되었는지는 명확하지 않지만, 이 간단한 제품을 토대로 에너지를 측정 가능한 힘으로 변환하여 시간을 정확하게 측정하는 기계가 만들어진다. 그것이 최초의 시계였다.

1656년, 네덜란드의 과학자 크리스티안 하위헌스Christiaan Huygens는 최초의 추시계를 고안했다. 흔들리는 추는 정확한 시간을 유지했고, 천천히 회전하는 이스케이프먼트의 톱니가 일정한 움직임으로 추를 계속 밀었다. 이렇게 이스케이프먼트를 사용해 믿을 수 없을 정도로 정확한 시계를 만들 수 있었다.

시대를 앞서간 기계

1900년 지중해 안티키테라섬 근처의 다이버들은 우연히 침몰한 고대의 배를 발견했다. 내부의 많은 인공물 중에는 튀어나온 기이한 톱니 모양의 암석 덩어리도 있었다. 역사학자들과 엔지니어들은 엑스레이를 사용해 이 암석 덩어리의 내부를 연구했다. 어떤 사람들은 이것이 일종의 천문 시계 조각일 수 있다고 주장했지만, 만들어진 시기에 비해 너무 복잡한 형태의 기계라는 의견도 있었다. 오늘날 대부분의 학자들은 2000년 된 이 '안티키테라 기계'가 알려진 가장 오래된 아날로그 컴퓨터의 사례 중 하나라는 데 동의한다. 이 기계는 태양과 달의 위치, 일식 날짜, 심지어 행성의 위치까지 정확하게 계산했을 가능성이 크다.

쪽지 시험

1. 전원을 일정한 에너지 흐름으로 전환하여 시간을 측정할 수 있게 한 장치는 무엇일까?
2. 1656년에 최초의 추 시계를 발명한 사람은 누구일까?
3. 크기가 다른 기어를 결합하면 어떤 일이 벌어질까?
4. 1900년에 지중해 안티키테라섬에서 무엇이 발견되었을까?
5. 안티키테라 기계는 어떤 용도로 사용되었을까?

단숨에 알아보기

기어가 작동하는 방법

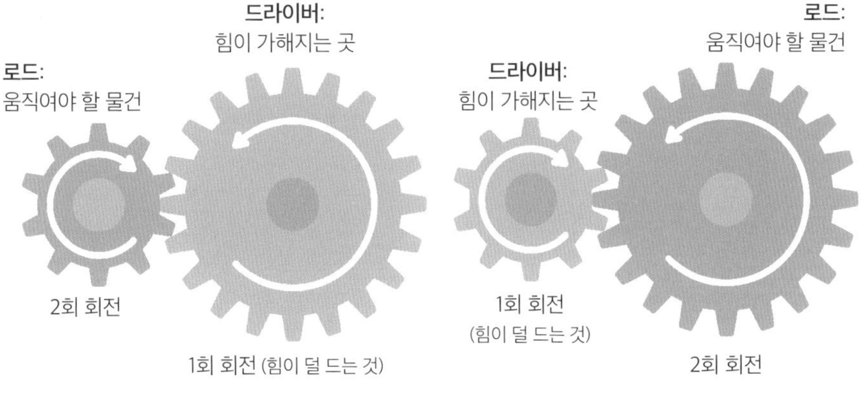

드라이버:
힘이 가해지는 곳

로드:
움직여야 할 물건

2회 회전

1회 회전 (힘이 덜 드는 것)

로드:
움직여야 할 물건

드라이버:
힘이 가해지는 곳

1회 회전
(힘이 덜 드는 것)

2회 회전

기어의 반지름은 차축에서 회전하는 지렛대와 같은 역할을 한다. 기어가 작을수록 더 큰 힘을 갖지만 이동할 수 있는 거리가 짧다. 큰 기어는 더 작은 힘을 사용해 먼 거리를 이동한다.

작은 기어를 큰 기어에 이으면 큰 기어가 회전할 때마다 그것을 따라잡기 위해 작은 기어는 더 빨리 회전하게 된다.

엔지니어들은 **기어를 결합**해서 속도를 힘으로 (또는 힘을 속도로) 교환하거나 기계의 회전 방향을 변경할 수 있다.

6.4 로봇 공학

스피드 퀴즈! 가장 유명한 로봇의 이름을 대보자. 아마 영화 <스타워즈>의 C-3PO 또는 R2-D2, 또는 <트랜스포머>의 옵티머스 프라임이 생각날 수도 있다. 우리는 인간처럼 생각하고 행동하는 기계에 대해 수십 년간 이야기해왔지만, 대부분의 사람들은 로봇을 만드는 이유가 정확히 무엇인지 알지 못한다.

대부분의 엔지니어는 로봇의 공통점 중 하나가 일일이 지시할 필요 없이 스스로 작업을 수행할 수 있다는 점이라는 것에 동의할 것이다. 팔과 다리도 필요로 하지 않으며 "삐" 또는 "삑" 소리로 의사소통할 필요도 없다. 외부 환경이 변화할 때 자체적으로 대응할 능력을 가진 기계는 로봇이라고 할 수 있다. 로봇 시스템은 인간이 하기 싫은 반복적이고 위험한 작업을 수행하면서 꽤 오랫동안 주변에 존재해 왔다. 여기에는 자동차 부품을 결합하는 기계 팔과 바닥을 돌아다니며 먼지와 부스러기를 빨아들이는 로봇 청소기가 포함된다. 언젠가는 컴퓨터가 로봇 팔을 안정적으로 조종해 섬세한 수술을 시행하게 될 것이다.

토막 상식

"로봇"이라는 단어는 1920년 체코의 소설가 카렐 차페크Karel Čapek가 쓴 〈로섬의 만능 로봇〉이라는 연극에서 처음 등장했다. 이 로봇은 기계로 된 조력자가 아니라 젤로 만들어진 인간 노예로 묘사되었다.

실제 화성인

화성 표면에 있는 '오퍼튜니티'라는 로봇은 먼지 무덤에 묻혀 있다. 나사의 엔지니어들은 이 기계가 3개월간 작동할 것이라고 예상했지만, 이 기계는 그것보다 훨씬 긴 15년 동안 작동했다. 그러나 2019년 초에 긴 먼지 폭풍이 일면서 배터리를 충전하는 데 필요한 햇빛이 차단되어 마침내 작동을 멈추게 되었다.

행성을 탐험하기 위해 보내진 '로버'라고 불리는 다른 이동 기계와 마찬가지로 오퍼튜니티에는 암석과 풍경을 연구하는 데 사용할 수 있는 여러 도구

단숨에 알아보기

보캉송의 기계 오리

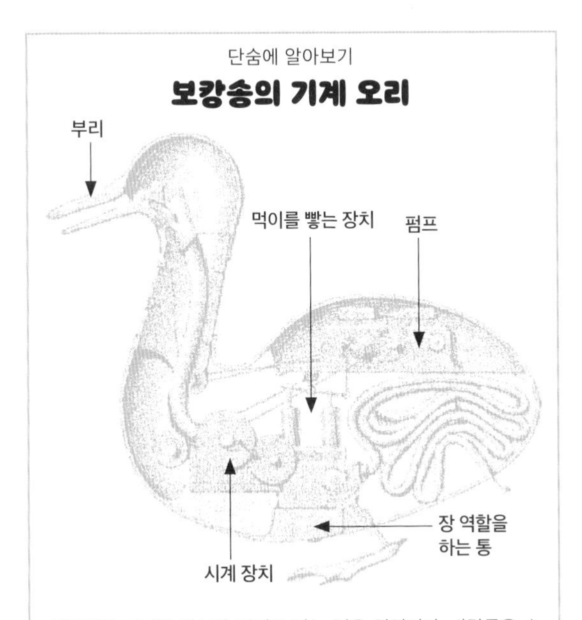

컴퓨터가 진정한 자동화 기계로 가는 길을 열었지만, 사람들은 수 세기 동안 기계 형태로 생명체를 복제하는 방법을 찾고 있었다. 1739년 프랑스 발명가 자크 드 보캉송Jacques de vaucanson은 그의 놀라운 걸작인 기계 오리를 공개했다. 하지만 이 오리는 음식을 제대로 소화하지 못했다. 속임수를 썼던 많은 발명가들처럼 보캉송 역시 미리 만들어진 알갱이를 사용했다.

쪽지 시험

1. 로봇이란 무엇일까?
2. 로봇이 수행하는 작업의 예시를 들어보자.
3. 2019년에 운행을 멈춘 화성 탐사 로봇의 이름은 무엇일까?
4. 지구의 무선 신호가 화성에 도달하는 데 얼마나 걸릴까?
5. "로봇"이라는 단어는 어디에서 왔을까?

가 있었다. 중요한 기능 중 하나는 태양의 위치를 확인해 현재 위치를 파악하고 다음 목적지로 가는 가장 좋은 경로를 결정하는 것이었다.

거리에 따라 무선 신호가 지구에서 화성으로 이동하는 데 4~24분 정도 걸린다. 기계가 작동하는 데 필요한 정보를 제공하는 과정은 꽤 느리기 때문에 차라리 로봇이 스스로 결정을 내리도록 하는 것이 낫다. 미래의 로버는 훨씬 더 로봇화되어 스스로 연구할 암석을 선택하고, 심지어는 이동할 위치 또한 스스로 선택할 것이다.

6.5 지능형 기계

컴퓨터와 두뇌는 정보를 받아들이고 문제를 해결하기 위해 다양한 방식으로 정보를 처리하는 시스템이라는 점이 유사하다. 하지만 둘은 서로 다른 방법으로 같은 과제를 수행한다.

오늘날 우리가 사용하는 컴퓨터의 초기 이름은 "범용 튜링 기계"로, '알고리즘'이라는 명령 집합을 처리할 수 있는 기계를 상상한 20세기 영국 수학자 앨런 튜링Alan Turing의 이름을 따서 명명되었다. 초기 계산 기계는 특정 알고리즘을 염두에 두고 설계되었지만, 튜링의 작업은 정보를 사용해 거의 모든 문제에 대한 답을 얻는 계산 장치 기계에 영감을 주었다.

단숨에 알아보기

트랜지스터

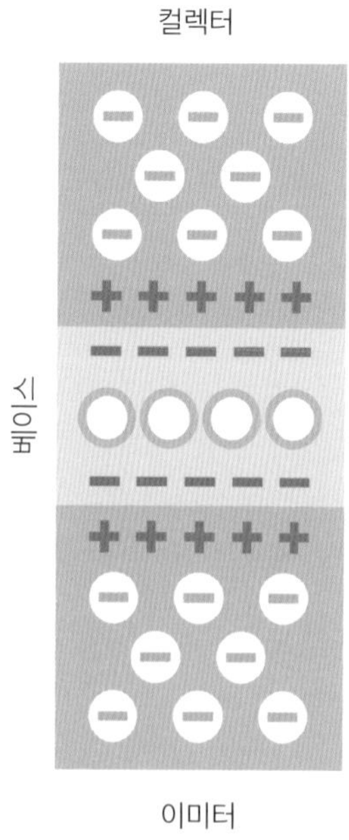

컬렉터

베이스

이미터

트랜지스터는 전류를 높이거나 전원 스위치처럼 작동하는 장치이다. 그것들은 세 가지 경로에 연결되어 있다. 하나는 전류가 들어오기 위한 것(이미터), 다른 하나는 나가기 위한 것(컬렉터), 그리고 중간에 있는 "신호등"(베이스)이다.

이미터와 컬렉터는 음전하를 형성할 수 있는 재료로 만들어진다. 베이스는 일반적으로 전류를 차단하여 스위치를 끈 상태로 유지하는 음전하 "공백"이 있는 재료로 만들어진다.

베이스로 보내진 작은 전하가 이러한 간격을 채우면 이미터에서 컬렉터로 큰 전류가 흐를 수 있다. 이렇게 하면 신호가 증폭되고 트랜지스터의 스위치가 "켜짐"으로 바뀐다. 이미터의 계산을 수행하기 위해 수많은 전원 스위치를 사용해 코드를 작성할 수 있다.

토막 상식 이 글을 읽을 때 머릿속에 어떤 이미지가 떠오르는가? 소리, 광경, 냄새 등 머릿속에서 일어나는 이야기를 '의식'이라고 한다. 철학자들은 의식의 문제를 두 가지 유형으로 나누었다. "쉬운 문제"는 언젠가 우리처럼 의식이 있는 것처럼 보이는 컴퓨터를 만드는 것이다. "어려운 문제"는 진정으로 의식을 가진 컴퓨터를 만드는 것이다. 하지만 우리는 머릿속에서 의식이 어떻게 형성되는지조차 모르기 때문에 이를 해결하는 것은 몹시 어렵다.

반면에 컴퓨터는 계산을 수행하고 메모리를 유지하기 위해 다른 구성 요소를 사용한다. 뇌의 여러 영역이 고유한 작업에 집중하는 동안 각 뉴런은 기억과 계산을 수행하는 작은 프로세서처럼 작동한다. 컴퓨터 엔지니어들은 이 작업을 수행할 기술을 만들기 위해 노력하고 있다. '뉴로 모핑 컴퓨팅'이라고 하는 이 기술은 알고리즘을 처리하는 데 필요한 시간을 훨씬 단축할 수 있을 것으로 기대된다.

쪽지 시험

1. 튜링의 범용 컴퓨터는 다른 계산 기계와 어떻게 다를까?
2. 뉴로 모핑 컴퓨팅이란 무엇일까?
3. 컴퓨팅에서 "AI"는 무엇을 의미할까?
4. 의식이 있는 컴퓨터를 만드는 과정의 두 가지 문제는 무엇일까?
5. 오늘날의 컴퓨터를 작동시키는 스위치와 같은 구성 요소는 무엇일까?

AI란 무엇인가?

인간의 두뇌가 할 수 있는 모든 일을 대체하는 컴퓨터를 만든다면 정말 대단할 것이다. 엔지니어들은 오랫동안 이것을 연구해 왔다. 인간의 특징 한 가지는 새롭고 놀라운 정보가 나타났을 때 그것을 기억하여 다음번에 사용하는 것이다. 복잡한 문제를 해결하고 새로운 정보에 적응하는 이러한 능력을 우리는 지능이라고 정의한다. 그러한 능력을 갖춘 컴퓨터는 '인공지능' 또는 'AI'라고 부른다.

지능형 소프트웨어는 기술 분야에서 점점 더 중요해지고 있다. 그것은 작업을 수행한 다음 문제에 대한 답에 따라 명령을 변경할 수 있는 특별한 알고리즘 목록으로 구성된다. 소프트웨어 엔지니어들은 그림을 그리는 것부터 신약 설계에 이르기까지 모든 종류의 데이터에서 패턴을 찾은 뒤, 새롭고 창의적인 방식으로 사용할 수 있는 AI 프로그램들을 개발하고 있다.

6.6 양자 컴퓨팅

100년도 더 전에, 과학자들은 자신들이 물리학을 대부분 이해했다고 생각했다. 하지만 아원자 입자 실험을 통해 우주는 우리가 상상할 수 있는 것보다 훨씬 더 복잡하다는 것을 알게 되면서 그러한 생각이 빠르게 바뀌게 되었다.

"양자"라는 단어는 "일부"를 의미한다. 이것은 광파가 마치 입자와 같은 조각 또는 양자로 분할된 것처럼 행동할 수 있다는 발견을 의미한다. 여전히 이해하기 어렵지만, 겉으로 보기에는 고체로 보이는 물질을 구성하는 입자가 파도처럼 작용할 수 있다는 것도 밝혀졌다. 양자 물리학은 우리가 이해하기 어려운 이상한 개념으로 가득 차 있다. 그러나 아무리 어렵더라도 엔지니어들이 이러한 원리를 활용해 새로운 종류의 전자 장치를 고안하는 것을 막지는 못했다. 양자 기술은 자료를 측정 및 이미지화하고, 메시지를 암호화하고, 복잡한 계산을 수행하는 새로운 방식으로 사용되고 있다.

비트와 큐비트

고전 물리학에 따르면 테이블을 따라 구르는 공은 명확한 위치와 속도를 가지고 있다. 우리는 그것이 어디에 있고 어디로 가고 있는지 정확히 알고 있다. 양자 물리학에서 이러한 속성은 확실성이 아닌 확률로 계산된다. 축구공이나 고양이와 같은 큰 물체에는 그다지 중요하지 않지만, 전자 및 광자와 같이 작은 입자의 경우 이러한 확률 측정이 필수적이다. 컴퓨터는 특정 수학 기능을 인코딩하기 위해 스위치의 상태를 사용하여 계산을 수행한다. 이는 전등 스위치처럼 켜짐 또는 꺼짐으로 나타낼 수 있다. 컴퓨팅 분야에서는 이것을 이진법으로 나타내고 그러한 단일 정보 단위를 '비트'라고 부른다.

양자 컴퓨팅은 완전히 다르다. 함수는 입자의 켜짐 또는 꺼짐 상태가 확률에 의해 결정되는 방식으로 인코딩된다. '스핀'이라는 일종의 운동량과 같은 속성은 두 가지 상태 중 하나에 있을 수 있지만, 측정되지 않았을 때는 "아직 결정되지 않은" 중첩

위치에 존재한다. 더 이상하게도 이러한 측정은 다른 입자의 비슷한 위치에 따라 달라질 수 있다. 두 개 이상의 입자가 연결(얽힘)될 수 있으며, 그로 인해 입자의 상태가 결정된다. 이것은 단일 입자가 두 가지가 아닌 세 가지 상태를 가질 수 있음을 의미한다. 그러므로 일반적인 비트가 아니라 '양자(퀀텀)비트', '큐비트'라고 부른다.

큐비트에 기반한 퍼지 물리학은 엄청난 수의 비트가 필요한 알고리즘을 해결하는 데 사용할 수 있다. 양자 컴퓨터는 현재 슈퍼컴퓨터가 해결하는 데 어려움을 겪는 문제를 해결하는 데 사용될 것이다.

쪽지 시험

1. 양자 물리학에서 "양자"는 무엇을 의미할까?
2. 고전 물리학에서 입자는 명확하게 정의된 위치를 가지고 있다. 양자 물리학에서 입자의 위치는 어떻게 설명될까?
3. 컴퓨팅에서 단일 정보 단위를 무엇이라고 할까?
4. 중첩이란 무엇일까?

슈뢰딩거의 고양이

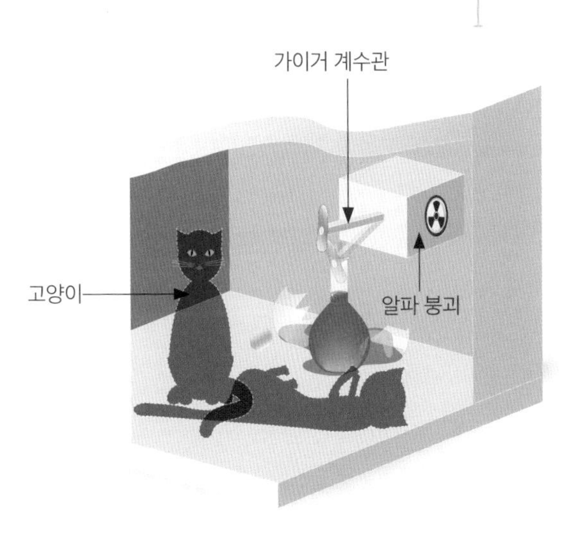

물리학자 에르빈 슈뢰딩거Erwin Schrödinger는 입자가 측정되기 전에 다른 상태에 있다는 데 동의하지 않았다. 그는 방사성 원자가 분해되면서 동시에 온전한 상태를 유지한다는 것을 설명했다. 그는 상자가 원자의 분해를 감지하면 독약이 든 병이 깨져 상자 속 고양이가 죽을 것이라고 가정했다. 하지만 고양이가 죽고 원자가 분해된 것을 확인하기 위해서는 상자 안을 들여다 봐야만 한다. 원자가 분해되었는지 혹은 온전한지 알 수 없다면 고양이 또한 죽은 동시에 살아 있는 상태여야 한다. 때문에 슈뢰딩거는 이를 터무니없는 일로 받아들였다.

6.7 멋진 기술

우리는 얼음을 당연하게 여기곤 한다. 당신이 세계 어디에 있든 냉동실에서 얼린 얼음을 쉽게 구할 수 있을 것이다. 시원한 음료에 안성맞춤인 얼음을 얼릴 수 있도록 저온을 만드는 기술이 오늘날 음식을 상하지 않게 하는 데 중요한 역할을 한다.

냉동 기술이 발명되기 전에는 산꼭대기에서 구한 얼음이나 겨울에 주변에 놓인 얼음을 짚으로 포장해 '아이스 하우스'라고 하는 구조물에 저장했다. 이 구조물에 대한 최초의 기록은 기원전 1780년 메소포타미아로 거슬러 올라간다. 이 건물 중 일부는 암석과 토양의 단열 특성을 이용하여 부분적 또는 완전히 지하에 있었다. 또한 두꺼운 벽으로 햇빛을 차단하기 위해 문은 북쪽으로 만들어졌다. 물론 저장된 얼음이 서서히 녹기는 했지만, 다음 해 겨울이 와서 새로운 얼음을 만들 수 있을 때까지 충분히 오래 남아 있었다.

최초의 냉장고

'다이에틸 에테르'와 같이 쉽게 증발하는 액체를 용기에 담고 공기를 제거하면 입자가 움직일 여유 공간이 매우 많으므로 입자가 가스처럼 날아다닌다. 이런 증발 과정에서 액체의 입자가 주변 환경의 열을 흡수해서 공간의 온도를 낮춘다. 이것이 스코틀랜드의 의사인 윌리엄 컬런William Cullen이 18세기 후반 대학의 청중에게 보여주고 싶었던 것이다. 그는 이 아이디어를 실용적으로 사용할 계획은 없었다. 하지만 불과 한 세기가 채 되지 않아 발명가 제이컵 펄킨스Jacob Perkins가 미국에서 최초의 냉각 장치를 만들었다. 이 장치는 컬런의 아이디어와 유사하다. 먼저 유체가 기체가 될 때

토막 상식

클로로 플루오로 카본(CFC)은 1950년대에 제조 비용이 저렴해져서 증발-기반 냉각기에서 널리 사용되는 화학 물질이 되었다. 하지만 CFC 분자가 대기의 오존을 파괴하고 있다는 것이 곧 발견되었고 오존층이 방사선을 차단하는 데 중요한 역할을 하므로 CFC는 다른 냉각 화학 물질을 위해 천천히 단계적으로 교체되었다.

주변에서 에너지를 가져온다. 그리고 생성된 기체를 다른 구역으로 가져가 다시 강한 압력을 가해 액체화하고, 다시 가져와서 열을 흡수해 기화하도록 하는 과정을 반복한다.

대부분의 냉장고는 여전히 이런 식으로 작동한다. 하지만 최근 변화가 일어나고 있다. 상태가 변할 때 에너지를 흡수하는 결정을 사용하는 미래 기술은 에너지 효율적이고 환경에 도움이 된다.

현대식 냉장고는 어떻게 작동할까?

1. 따뜻한 증기를 고압의 응축 코일에 넣으면 열을 방출하고 액체로 변한다.
2. 열을 방출한 차가운 액체가 고압의 응축 코일에서 증발 코일로 옮겨간다.
3. 차가운 액체를 저압의 증발 코일로 넣으면 열을 흡수하고 증기로 변한다.
4. 열을 흡수한 따뜻한 증기가 저압의 증발 코일에서 응축 코일로 옮겨간다.

쪽지 시험

1. 냉장고 발명 이전에는 음식을 어떻게 차갑게 보관했을까?
2. 윌리엄 컬런은 18세기 대학 청중에게 어떤 것을 설명했을까?
3. 냉장고를 처음 발명한 사람은 누구일까?
4. 미래의 냉장고는 어떻게 작동할까?

퀴즈

기계

1. 빗자루는 어떤 종류의 기계일까?

A. 도르래

B. 지렛대

C. 경사로

D. 빗자루는 기계가 아니다

2. 물리학에서 "일"을 계산하는 공식은 무엇일까?

A. 일= 마찰×방향

B. 일= 힘×변위

C. 일= 마찰×거리

D. 일= 지렛대×하중

3. 다음 중 기계에 동력을 공급하는 열원은 무엇일까?

A. 화석 연료 연소

B. 붕괴하는 원자

C. 태양의 빛

D. A~C 모두

4. 영국 엔지니어 토머스 세이버리는 _____에서 영감을 얻어 최초의 엔진 중 하나를 고안했다.

A. 달걀 타이머

B. 프라이팬

C. 압력솥

D. 커피 플런저

5. '이스케이프먼트'란 무엇일까?

A. 1초에 한 번씩 앞뒤로 흔들리는 추

B. 에너지원을 정확한 단위로 나누는 데 도움이 되는 톱니 모양의 링

C. 12부분으로 나누어진 시계의 앞면

D. 시계를 손목에 찰 수 있게 늘어나는 스프링

6. 17세기 네덜란드 과학자 크리스티안 하위헌스는 어떤 시계를 만들었을까?

A. 물시계

B. 해시계

C. 추시계

D. 디지털시계

7. 스타워즈의 C-3PO를 진정한 로봇으로 만드는 것은 무엇일까?

A. 금속으로 된 재질

B. 인간처럼 보이는 모양

C. 인간에게 복종하는 기능

D. 지시 없이 특정한 일을 수행하는 기능

8. 화성 탐사선 오퍼튜니티가 2019년에 작동을 멈춘 이유는 무엇일까?

A. 먼지 폭풍이 로봇이 배터리를 충전하는 데 필요한 햇빛을 차단했기 때문에

B. 메탄이 떨어졌기 때문에

D. 임무를 완수하여 나사가 전원을 껐기 때문에

D. 구멍 아래로 떨어졌기 때문에

D. 스스로 제어하는 차량

6장

간단 요약

자동차 부품을 찍어내는 거대한 공장 단위의 기계부터 평범한 쥐덫에 이르기까지 엔지니어들은 단순한 재료에 물리학을 적용해 우리 삶을 더 쉽게 만들어주고 있다.

- 큰 기계 장치들도 지렛대, 바퀴, 경사면 같은 단순한 기계 구조로 구성된다.
- 엔진은 에너지를 변환해 작동하는 기계이다. 엔진은 지렛대나 바퀴처럼 간단한 기계를 사용해서 에너지원을 작업에 더 쉬운 형태로 변환한다.
- 1656년, 네덜란드의 과학자 크리스티안 하위헌스는 추의 흔들림을 적용하여 최초의 추 시계를 고안했다.
- 대부분의 엔지니어는 모든 로봇의 공통점 중 하나가 사람이 지시할 필요 없이 작업을 수행할 수 있다는 점이라는 것에 동의할 것이다.
- 20세기 영국의 수학자인 앨런 튜링은 알고리즘이라는 명령 집합을 처리할 수 있는 단일 기계를 상상했다.
- "양자"라는 단어는 "일부"를 의미한다. 이것은 광파가 마치 입자와 같은 조각 또는양자로 분할된 것처럼 행동할 수 있다는 발견을 의미하게 되었다.
- 다이에틸 에테르처럼 쉽게 증발할 수 있는 액체를 용기에 담고 공기를 제거해 주면 입자가 가스처럼 날아다닌다. 이런 증발 과정에서 액체의 입자가 주변 환경에서 열을 흡수해 공간을 차갑게 만드는 것을 냉장/냉동이라고 부른다.

7

화학 공학

공학은 단지 큰 건물을 구축하는 것이 아니라 사물을 구성하는 요소 자체에 관한 것이다. 화학 공학은 특정 작업에 더 적합하고 좋은 새로운 재료를 개발하기 위해 물리학과 생물학 및 화학을 응용하는 것을 포함한다.

이번 장에서 배우는 것

- ∨ 연금술
- ∨ 시대별 제련 방식
- ∨ 반사와 어둠
- ∨ 플라스틱 문제
- ∨ 비료
- ∨ 공학과 스포츠

7.1 연금술, 마술인가 공학인가?

수천 년 동안 사람들은 겉보기에는 단순해 보이는 질문을 해결하기 위해 노력해 왔다. 재료가 변하는 이유는 무엇일까? 왜 나무를 태우면 검게 변할까? 얼음이 녹아 액체로 변하는 이유는 무엇일까? 암석을 가열하면 금속으로 변하는 이유는 무엇일까?

"만물은 무엇으로 만들어졌는가?" 이 질문에 가장 오래된 답변은 약 2500년 전 고대 그리스에서 발생했다. 그리스의 데모크리토스Democritos와 같은 철학자들은 모든 물질이 작고 나눌 수 없는 단위 "원자"로 구성되어 있다고 주장했다. 또한 아리스토텔레스와 고대 사상가 중 일부는 네 가지 유형의 기본 재료(불, 물, 공기, 흙)가 만물을 구성한다고 주장했다.

수 세기에 걸쳐서 고대 이집트의 기술이 물질에 대한 그리스 철학과 결합하여 "연

단숨에 알아보기

연금술 기호

연금술사들은 관찰 기록을 단순화하기 위해 오늘날의 화학자들처럼 기호를 사용했다. 또한 이 기호들은 그들의 작업을 비밀로 유지하는 데 도움이 되었다.

세 가지 원칙

수은 소금 유황

네 가지 요소

공기 땅 불 물

시간이 지남에 따라 만물이 무엇으로 구성되어 있는지 설명하는 도구가 작은 당구공, 작은 푸딩, 태양계로 변했고, 이후에는 기이한 확률의 구름 모델에 이르기까지 천천히 개선되었다.

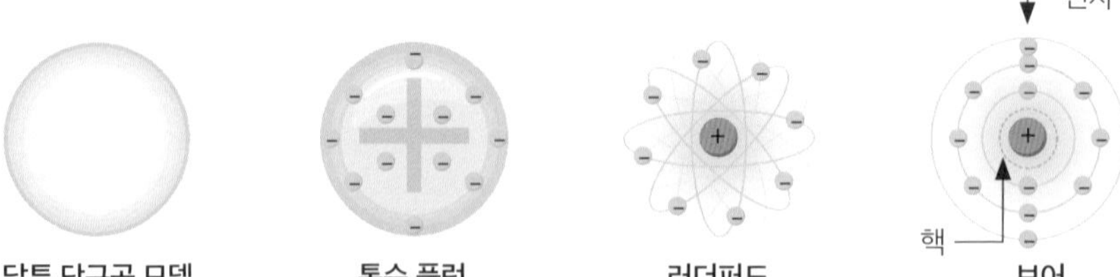

달튼 당구공 모델　**톰슨 플럼 푸딩 모델**　**러더퍼드 모델**　**보어 모델**

금술"이라는 체계를 형성했다. 이러한 관행은 "불완전"하게 섞인 요소들을 "완전한" 것으로 만들기 위해 여러 가지 용액을 섞는 작업이 포함되었다. 그들이 가장 완벽하게 여긴 것은 금이었고, 또 다른 목표는 병에 걸리거나 죽지 않게 하는 방법을 찾는 것이었다.

토막 상식

연금술의 공통 목표는 납과 같은 기본 금속을 금과 같은 더 높은 가치의 금속으로 "변환"하는 것이었는데, 화학적인 방법으로 이를 수행할 수는 없었다. 하지만 현재에는 입자 가속기를 사용해 더 무거운 원자를 금처럼 79개의 양성자만 남도록 만들어서 금을 만들 수 있었다.

화학으로 가는 길

연금술사들은 비밀리에 물질이 어떻게 분해되고 재결합되는지 연구했다. 그들이 개발한 증류, 증발, 침전 및 여과 방법이 이후 화학 연구의 기반이 되었다. 여러 면에서 연금술사는 최초의 화학 엔지니어라고 할 수 있다. 그들은 새로운 방법으로 금속을 정제하고, 새로운 종류의 물감을 만들고, 도자기를 개선했다. 하지만 불행하게도 그들은 그 결과를 실험에 근거한 것이 아니라 초자연적이고 영적인 것으로 설명하려고 했기 때문에 과학적인 방법에 비해 더 많은 시행착오를 겪었다.

17세기에 이르러 자연 철학자들은 지금까지 관찰한 것을 설명하는 더 간단한 법칙을 고안했다. 1661년 영국의 학자 로버트 보일Robert Boyle은 자신의 저서《의심 많은 화학자The Sceptical Chymist》에서 아리스토텔레스의 4대 기본 요소가 정말로 존재하는지 의문을 제기했다. 그리고 그의 아이디어는 현대 화학의 기초가 될 요소들에 대한 새로운 사고방식을 제공했다.

쪽지 시험

1. 철학자들은 언제부터 물질의 본질에 대해 생각하기 시작했을까?
2. 데모크리토스는 만물이 ____으로 만들어졌다고 생각했다.
3. 아리스토텔레스가 주장한 물질의 네 가지 기본 요소는 무엇일까?
4. 1661년에 아리스토텔레스의 원자론에 의문을 제기하는 글을 쓴 사람은 누구일까?

7.2 시대별 제련 방식

일부를 제외하고, 반짝이고 가단성 있는 금속 조각들은 부서지기 쉬운 암석에서 추출되었다. 금속의 화학적 성질을 통해 알 수 있듯 구리와 납 같은 원소는 다른 원소에 쉽게 반응하여 유용성이 떨어지곤 한다. 철이 산소와 결합하면 얼마나 쉽게 녹이 생기거나 산화철이 만들어지는지 생각해 보자.

자연에서 발견되는 금속과 기타 광물은 화합물로 이루어진 혼합물이며, 이를 '광석'이라고 부른다. 엉망진창인 화합물에서 광석을 분리하려면 조상들이 수천 년 전에 발견한 몇 가지 기술과 약간의 독창성이 필요하다.

금속 공학의 타임라인

송곳 발견: 2007년 이스라엘의 고고학 유적지에서 작고 뾰족하고 부식된 구리가 발견되었다. 이 지역은 기원전 5200년에서 4600년 사이에 번성한 도시였다. 때문에 가장 오래된 금속 유물일 가능성이 있는 이 구리는 구리와 주석이 자연적으로 혼합된 것으로 보인다.

청동기 시대: 중동과 메소포타미아의 동기 시대(신석기 시대~청동기 시대)는 기원전 5000년에서 기원전 4000년까지 지속되었다. 이때 사람들은 주석과 혼합하지 않은 구리 제품을 만들어 사용했다.

5200 BC

5000 BC

동기 시대

제련: 약 7000년 전 오늘날의 세르비아 지역의 광석에서 구리를 제련하여 생성했다. 고고학자들은 유적지에서 발견된 폐광물 덩어리를 연대 측정한 결과 고대 신석기 문화인 빈카의 것으로 추정되었다.

구리를 만드는 방법

7000여 년 전 지중해 근처의 사람들이 처음으로 공작석에서 상당한 양의 구리를 추출했다. 이 사건이 공학의 큰 발전 원인 중 하나라는 것은 의심의 여지가 없다. 당시 사람들은 구리 금속을 주조해서 보석과 무기를 만들었고, 이것은 무역과 전쟁에 영향을 미쳤다. 열과 탄소를 사용해 광석을 구성하는 원소들의 혼합물에서 구리 같은 금속을 분리하는 과정을 '제련'이라고 부른다. 이 제련 과정이 도자기를 굽는 가마 기술로 발전했을 가능성이 크다.

구리를 만드는 방법을 알아보자. 먼저 광석을 태워 '구리 탄산염 수산화물'이라는 화학 물질을 물, 이산화탄소, 산화구리로 분해한다. 이것은 약 250℃의 낮은 온도에서 발생한다. 구리에서 산소를 제거하려면 1,000℃ 이상의 온도가 필요한데, 나무를 태우면 탄소가 가열되면서 일산화탄소를 방출하고, 이 분자가 가열된 산화구리를 지나가면서 산소를 끌어당겨 순수한 구리와 "슬래그"라고 불리는 폐기물을 만들어 낸다.

동과 은박지: 세르비아의 플로치니크에서 발견된 은박지 조각은 초기 청동 유물로 추정된다. 기원전 3300년경에는 중동 전역에서 합금 물건들이 만들어졌고, 최초의 청동기 시대가 시작되었다.

철 유물: 철 제련은 몇 천 년 정도 존재했지만, 철 유물은 기원전 3000년경으로 거슬러 올라간다. 이집트 게르제의 무덤에서 발견된 철 구슬이 가장 오래된 유물 중 하나로 운석에서 발견되는 순철로 만들어진 것으로 보인다.

4500 BC | 3000 BC | 1200 BC

슬래그 더미: 기원전 900년경의 요르단 텔 함메 지역의 괴철로에서 발견된 것으로 가장 오래된 철 제련의 증거로 여겨진다. 기원전 1000년기에는 중동의 제련 기술이 향상되면서 철기의 시작을 알리는 유물이 많이 발견되었다.

제철법

구리는 추출하기 쉽고 부드러운 금속이다. 초기 화학 엔지니어들은 구리를 주석과 결합해서 더 단단한 물질로 만들었다. 이것이 바로 '청동'이라고 부르는 합금이며 고대 세계에 널리 보급되어 요리에서부터 전쟁에 이르기까지 모든 분야에서 사용되었다.

광석에서 철과 같은 단단한 금속을 추출하려면 적절한 조건에서 적절한 온도를 형성할 수 있도록 제련 방법과 기술이 상당히 발전해야 했다. 어떻게 이 방법이 개발되었는지는 명확하게 밝혀지지 않았으나 일부 학자들은 구리를 제련하는 과정에서 소량의 철이 우연히 생성되었다고 주장한다. 초기의 철 생산은 "괴철로"라고 불리는 용광로에서 이루어졌다. 이 용광로의 온도는 철을 액체로 녹일 만큼 뜨겁지 않았다. 때문에 "괴철"이라고 불리는 스펀지 같은 금속이 남게 되었고, 대장장이들은 이 금속을 가열하고 망치질해 청동보다 더 단단하고 내구성이 뛰어난 도구를 만들 수 있었다.

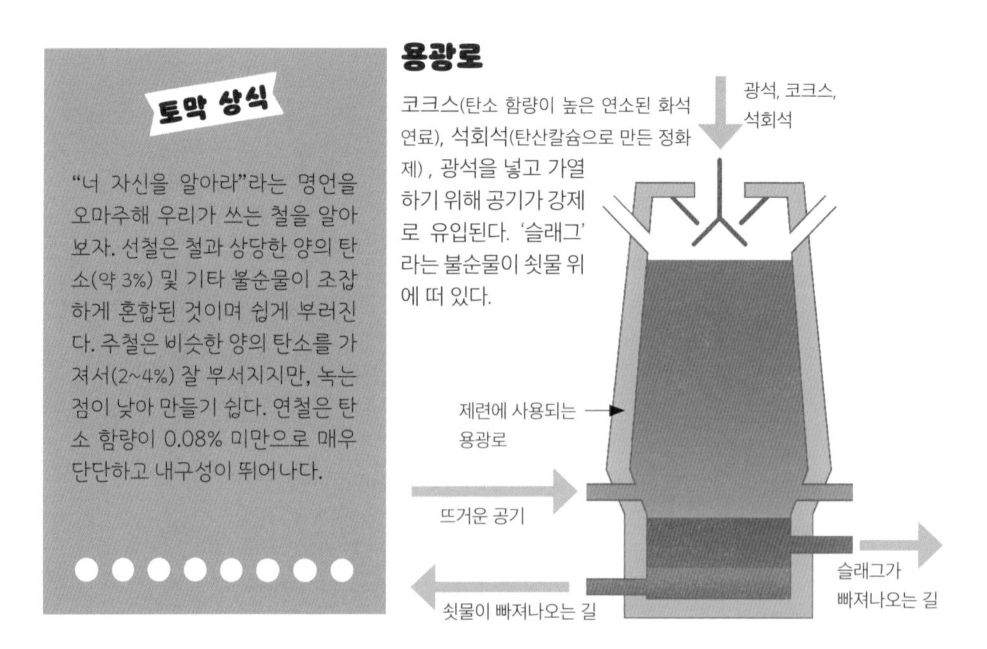

전기로 금속 추출하기

알루미늄 광석은 '보크사이트'라는 물질이다. 제련 과정은 이 금속을 분리할 수 없다. '전기 분해'라고 하는 과정을 통해 전기로 분리되어야 한다.

- 산화알루미늄은 '액상 빙정석'이라는 물질에 용해된다.
- 생성된 산화물 이온의 전극이 양극에서 빠져나가면서 산소 기포를 형성한다.
- 양극 알루미늄 이온이 음극에서 전자를 받아 금속 알루미늄이 되어 제거된다.

쪽지 시험

1. 광석이란 무엇일까?
2. 열과 탄소를 이용하여 광석에서 금속과 광물을 분리하는 과정을 무엇이라고 부를까?
3. 광석에서 발견되지 않는 금속을 한 가지만 말해보자.
4. 3000여 년 전 텔 함메 고대 유적지에서 철을 제련하는 데에는 어떤 용광로가 사용되었을까?
5. 알루미늄은 광석은 어떻게 분리될까?

전기분해

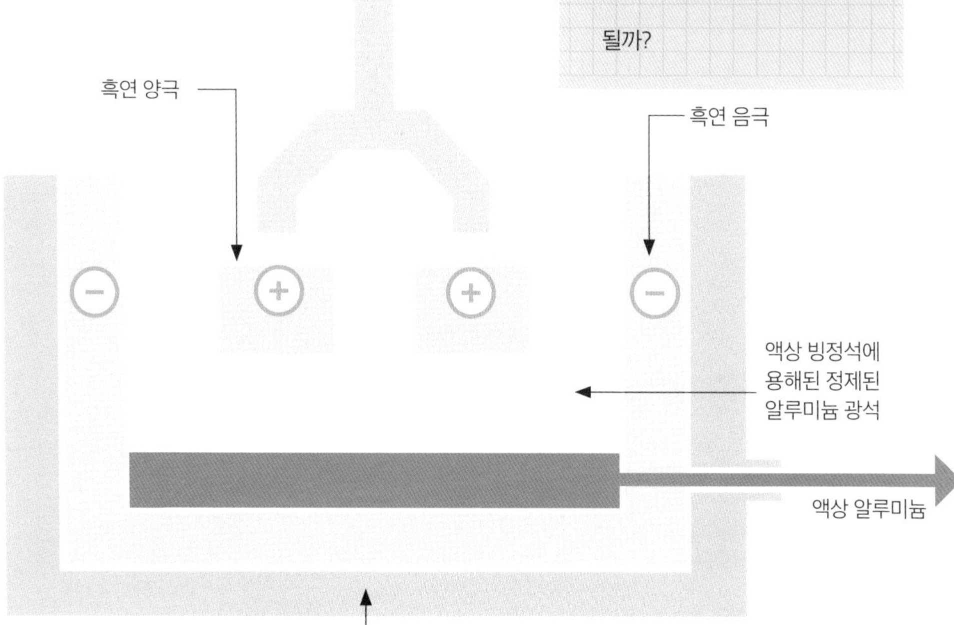

7.3 반사와 어둠

자연은 놀라운 색상으로 가득하지만 안타깝게도 대부분 일시적이다. 인간은 수만 년 동안 예술을 만들어왔지만, 선택할 수 있는 색상이 숯으로 만든 검은색이나 황토에서 추출한 빨간색, 노란색뿐이던 때도 있었다.

'안료'라고 하는 유색 화학 물질은 백색광의 혼합 방사선에서 파장을 흡수하거나 흡수하여 색상을 방출한다. 우리가 보는 색은 흡수되지 않은 파장이 반사된 것이다. 역사를 통틀어 이러한 천연 안료는 흔히 사용되었다. 예를 들어 직물은 대청이나 인디고 같은 식물로 만든 염료를 사용해 파란색으로 염색되었고, 연지벌레를 갈아 빨간색 염료를 만들어 옷, 물감, 음식에 활용하기도 했다.

화학자들은 바지와 종이, 문신과 태피스트리, 아이싱과 아이라이너에 이르기까지 무엇이든 색칠할 수 있는 새로운 안료를 디자인하기 위해 애썼다. 그들은 미네랄을 결합해 내구성이 뛰어나고 독성이 없는 여러 색조와 명암을 만드는 방법을 찾았다. 오늘날 전 세계 안료산업의 가치는 300억 달러에 이르며, 엔지니어들은 모든 분야에서 사용할 수 있는 밝고 새로운 색상을 만들어낸다.

단숨에 알아보기

파란색을 만드는 방법

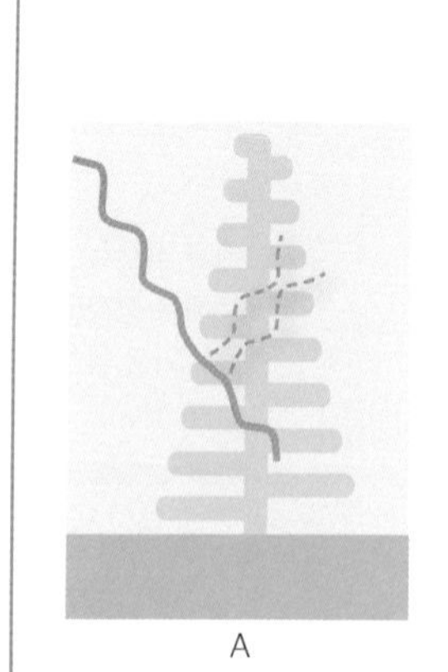

다른 색상과 달리 대부분의 파란색은 흡수 및 방출되는 것이 아니라 빛이 우리 눈에 산란하여 보이는 것이다. 그림 A에서 나비 날개의 미세한 곡선에 부딪히는 빨간색 빛은 흡수되지만, 그림 B의 파란색은 길쭉하게 솟은 부분에서 반사된다.

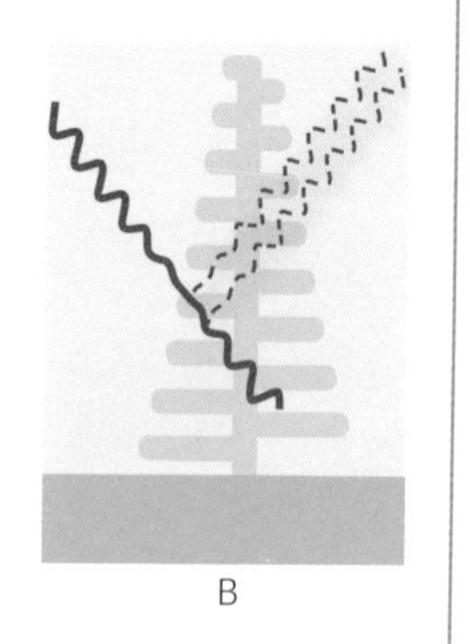

단숨에 알아보기

흩어져 날리는 빛

태양과 별 사이의 광대한 공간에서 빠르게 이동하는 수단으로 햇빛을 반사해 에너지를 얻는 특별한 돛을 설계할 수 있을지도 모른다. 이 "태양 돛"은 매우 가벼운 광자의 작은 힘에 밀릴 수 있도록 크면서도 극도로 가벼워야 한다.

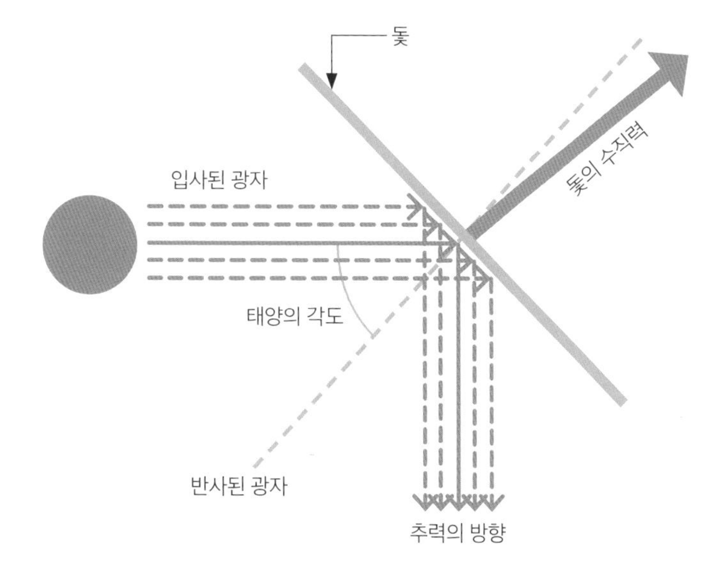

빛의 반사

욕실 거울은 광파가 유리의 원자와 상호 작용하는 방식과 후면을 코팅하는 금속 물질 덕분에 작동한다. 매끄러운 표면에 들어오는 광파의 광선이 비슷한 각도에서 대부분 반사되어 이미지를 유지하는 것이다. 욕실 거울에 닿는 많은 빛은 정확하게 반사되지 않고 흡수되거나 반사되어 퍼져나간다. 이는 화장이나 양치질을 하는 데에는 충분하지만, 과학적 도구로 사용하기 위해서는 거의 완벽하게 빛을 반사해야 한다.

엔지니어는 창의적인 방식으로 빛을 반사하고 구부리기 위해 메타 물질을 사용할 수 있다. 메타 물질은 단순하게 성분을 혼합한 것이 아니라 고유한 구조에서 오는 특성을 갖는 인공 물질이다. 천연 물질이 가질 수 없는 방식으로 빛을 반사하거나 굴절 또는 흡수하는 미세한 구조를 가진 메타 물질이 많다. 그중 일부는 들어오는 빛을 물체 주위로 유도할 수 있다. 이런 재료로 만든 "투명 망토"는 비록 어린 마법사를 숨길 수는 없겠지만, 마이크로파나 전파를 왜곡하여 위성 안테나를 개선하거나 배와 항공기를 레이더에서 사라지게 할 수 있다.

7.4 플라스틱 문제

믿기 어렵겠지만 플라스틱이 처음 개발된 것은 무려 200년 전이다. 그 이후로 인류는 용도에 맞춰 다양한 유형의 플라스틱을 개발했다.

플라스틱은 탄소 기반 분자가 엉킨 끈 모양의 혼합물 또는 중합체이다. 이 혼합물에 다른 화학 물질을 추가하면 고분자 그물을 유연하게 할 수도 있으며, 이 외에도 거의 모든 모양으로 변형할 수 있다. 플라스틱은 원유에서 나오는 탄소 분자로 만들기 때문에 재료를 구하기가 쉽고 저렴하다. 이러한 특성 덕분에 플라스틱은 일회용품의 재료로 사용되게 되었다. 하지만 자연에서 쉽게 분해되지 않아 플라스틱 폐기물이 축적되기 시작했고, 오늘날 지구상에서 플라스틱이 발견되지 않는 곳이 없으며, 심지어 심해에서도 미세 플라스틱이라는 플라스틱 파편이 발견된다.

플라스틱 사이클

플라스틱 폐기물을 최소화하기 위해 우리는 플라스틱 사용을 줄이고, 재사용 및 재활용해야 한다. 이를 수행하는 방법에는 기계적 방법과 화학적 방법이 있다.

- **기계적 재활용**은 사용한 플라스틱을 녹여 새 제품으로 만들기 위해 과립 또는 분말로 바꾸는 과정이다. 기계적 재활용을 위해 먼저 사용한 플라스틱 제품을 씻고, 작은 조각으로 자른다. 이 경우 중합체가 분해되므로 기계적으로 재활용된 플라스틱으로 만든 제품은 다시 기계적으로 재활용될 수 없다. 대부분의 플라스틱이 이 방식으로 재활용된다.

- **화학적 재활용**에는 탄소 중합체를 '단위체'라고 부르는 단일 연결로 전환하는 작업이 포함된다. 'PET'는 투명한 용기를 만드는 데 사용되는 일반적인 플라스틱으로 이를 에틸렌글리콜과 혼합하면 훨씬 짧은 사슬로 분해되어 쉽게 재활용할 수 있다.

모든 플라스틱 제품이 이런 방식으로 재활용되는 것은 아니다. 중합체를 더 부드럽고 단단하고 화려하게 만들기 위해 첨가제를 혼합하는 경우도 있다. 특성을 변화시킨다. 이러한 첨가제는 제거하기 어렵고 공정을 오염시킬 위험이 있다. 'PDK'라고 불리는 새로운 종류의 중합체가 이런 문제를 해결할 수 있다. 화학 엔지니어들은 분자 사슬을 산에 반응하면 쉽게 분해되도록 설계하여 첨가제를 훨씬 더 쉽게 분리할 수 있다는 사실을 발견했다.

플라스틱 생산 증가량

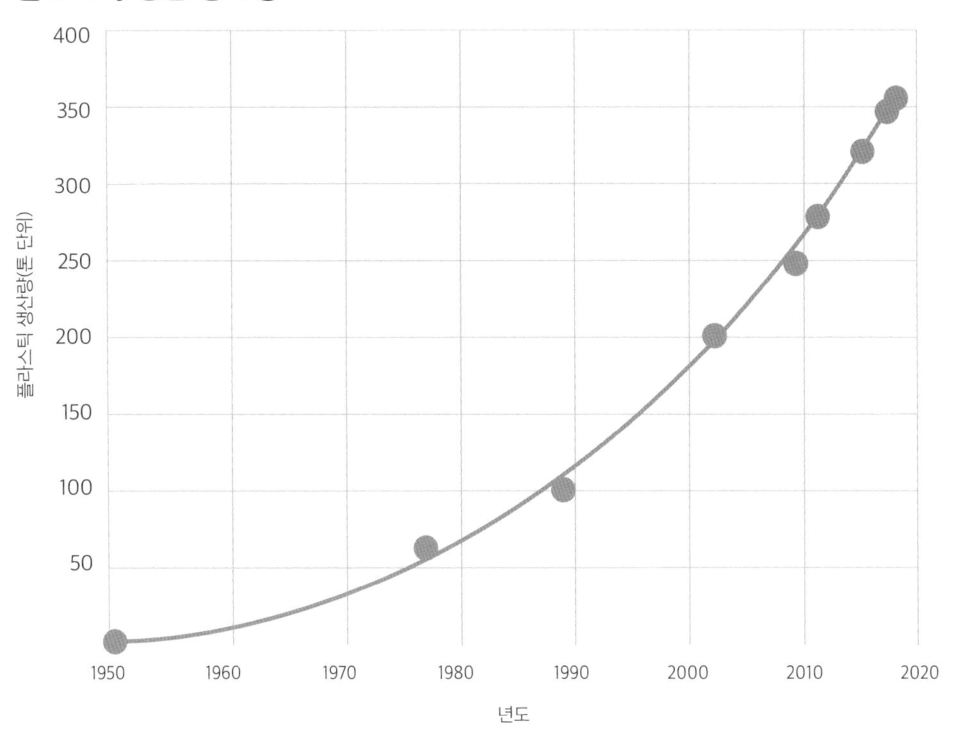

엔지니어들은 플라스틱을 재활용하는 것뿐만 아니라 쉽고 저렴하게 만드는 새로운 방법도 고안해야 한다. 또한 몇몇 엔지니어들은 플라스틱 중합체의 탄소를 원유의 구성 물질과 같은 탄화수소로 되돌리는 방법을 찾고 있다. 이 디젤 유사 제품은 연료 공급원으로서 가치 있다. 이는 플라스틱 쓰레기를 해결하는 완벽한 방법은 아니다. 하지만 우리에게 가장 필요한 것은 쓰레기를 가치가 있는 보물로 바꾸는 경제적인 방법을 찾는 것일 수 있다.

'폴리 젖산(PLA)'이라는 화학 물질은 감자나 옥수수에서 전분을 제거하여 만든다.

태평양 거대 쓰레기 지대

태평양 건너편에는 "환류"라고 불리는 광대한 해류가 원을 그리며 움직이고 있다. 해류는 거대한 소용돌이처럼 작용하여 떠다니는 물질을 중앙에 가둔다. 이 환류 중 두 가지가 만나 태평양 거대 쓰레기 지대를 형성했다. 이곳에는 미세한 파편부터 분해되지 않은 플라스틱 제품에 이르기까지 다양한 플라스틱 조각이 쌓인다. 이 폐기물의 대부분은 어업과 같은 해양 산업에서 발생한다.

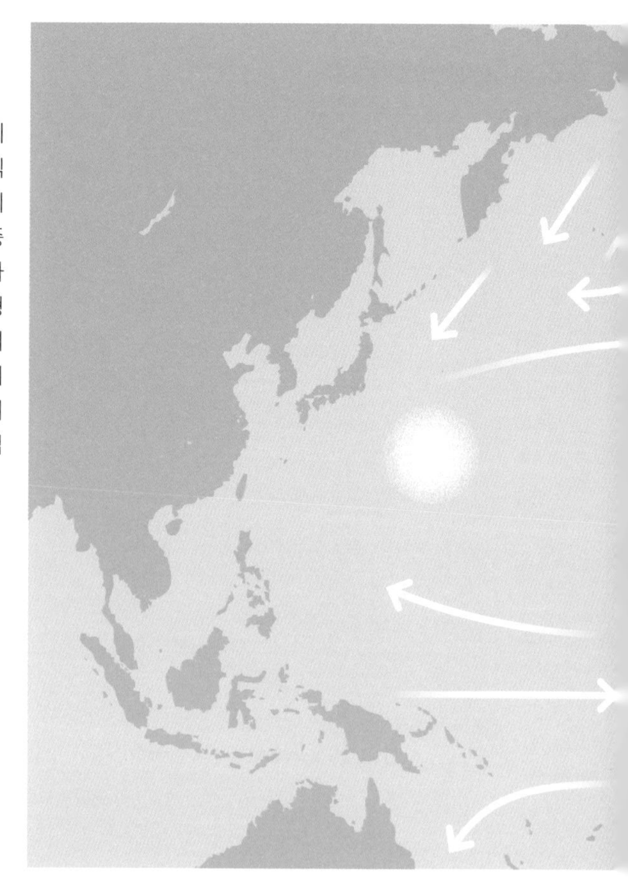

전분에 있는 긴 당류는 '포도당'이라고 하는 더 단순한 단위로 분해되어 미생물에 공급되고, 발효 과정에서 젖산으로 전환되고, 이내 폴리 젖산의 긴 사슬에 연결되어 작은 알갱이로 저장된다. 폴리 젖산은 우리가 기를 수 있는 작물로 만들어졌을 뿐만 아니라 박테리아에 의해 분해될 수 있다. 어떤 경우에는 이런 성질이 적합하지 않을 수도 있지만, 사용 기간이 짧거나 일회용으로 사용하는 제품에 사용하면 환경을 보호하는 데 도움이 될 수 있다.

토막 상식

매년 전 세계적으로 3억 5천만 톤 이상의 플라스틱이 생산되고 그보다 많은 양이 쓰레기가 되어 버려진다. 그리고 그중 약 3퍼센트가 바다로 유입된다.

쪽지 시험

1. 플라스틱은 왜 일회용품의 재료가 되었을까?
2. 플라스틱을 생산하는 데 가장 많이 사용되는 천연자원은 무엇일까?
3. 플라스틱을 재활용하는 두 가지 주요 방법은 무엇일까?
4. 일부 플라스틱을 재활용할 수 없는 이유는 무엇일까?

7.5 비료

모든 생물은 신체를 만들고 유지하기 위해 올바른 화학 물질을 섭취해야 한다. 동물은 섭취하고 소화한 물질에서 지방, 설탕, 아미노산, 비타민 및 미네랄을 얻는다. 식물은 물, 이산화탄소, 약간의 햇빛으로 당을 만들 수 있지만, 단백질을 만들기 위한 질소와 나머지 구성 요소들은 토양에서 흡수해야 한다.

산업 혁명 중반, 세계 인구가 급증하기 시작했다. 한때 농부들은 버려진 동물의 사체와 인간의 폐기물로 만든 비료로 농작물에 질소를 공급했다. 하지만 식량에 대한 수요가 증가하면서 기존의 방법으로는 밭에 충분한 질소를 공급할 수 없게 되었다. 이 문제는 20세기 초 독일의 화학자가 공기 중의 질소를 비료로 변화시켜 작물 재배에서 무기 제작까지 거의 모든 분야에 적용하게 되면서 해결되었다.

질소 문제 해결하기

공기 중의 질소는 두 개의 질소 원자로 구성된 분자 형태를 취한다. 우리 대기의 약 80퍼센트가 질소 분자로 구성되어 있지만, 다른 원소와 쉽게 반응하지는 않는다. 때문에 식물은 단순히 공기에서 질소를 흡수해서 성장할 수 없다.

화학자 프리츠 하버Fritz Haber는 촉매를 사용하여 질소가 수소 가스에 반응하면 암모니아가 만들어진다는 사실을 발견했다. 촉매가 가스를 빠르게 반응시키려면 많은 열이 필요한데 열 때문에 암모니아가 오히려 빠르게 분해되는 문제가 있었다. 하버는 이 딜레마를 해결하기 위해 엄청난 압력을 가해 전체 반응을 압박했다. 그로 인해 큰 암모니아 분자가 두 개의 작은 분자로 분해되는 것이 어렵게 되었고, 산업적으로 사용할 정도로 많은 암모니아를 축적할 수 있게 되었다. 이처럼 하버 공정은 대기의 수소와 질소를 사용해 농부들이 비료로 사용하기에 충분한 양의 암모니아를 생산했고, 1차 세계 대전 당시 폭발물을 생산하기 위해 막대한 양의 질소가 필요했던 독일에도 큰 영향을 끼쳤다.

단숨에 알아보기

하버 공정

1. 반응을 가속하는 철 기반 금속이 들어 있는 반응기에 수소(H_2)와 질소(N_2) 가스를 넣는다.
2. 생성된 암모니아(NH_3)에 압력을 가해 냉각하고 응축한다.

암모니아 중 일부는 다시 반응해서 질소와 수소를 형성하고 이후 재사용된다.

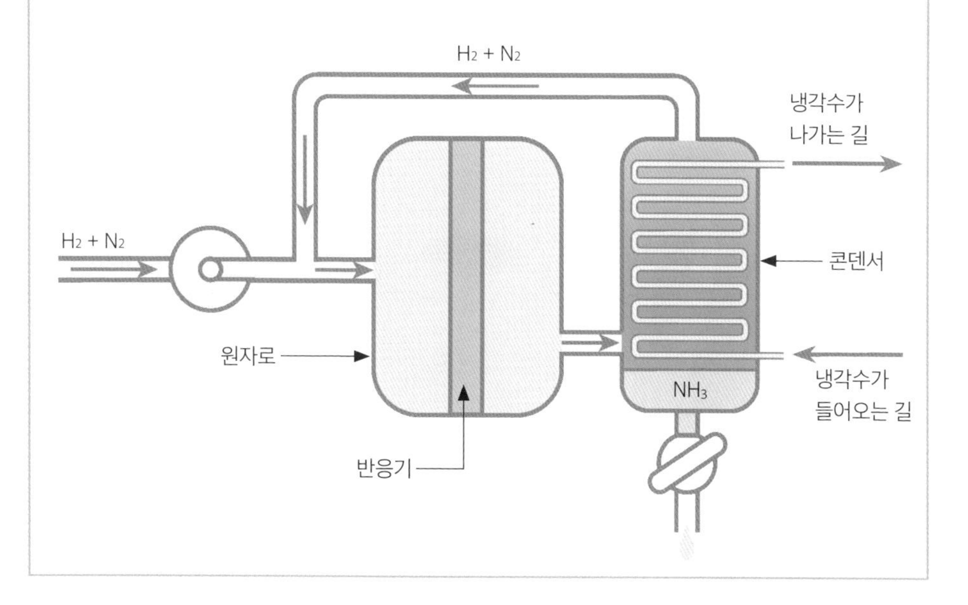

쪽지 시험

1. 식물은 어디에서 질소를 얻을까?
2. 오래 전 농부들은 어떻게 작물에 질소를 공급했을까?
3. 대기 중 질소는 몇 퍼센트일까?
4. 프리츠 하버는 어떻게 암모니아를 만들었을까?
5. 비료 외에 어떤 목적으로 암모니아를 사용할 수 있을까?

7.6 공학과 스포츠

공학은 더 나은 재료와 구조를 만들어낸다. 이러한 특징은 치열하게 경쟁하는 스포츠에서 인간의 한계(힘, 속도, 지구력)를 뛰어넘는 데 도움을 준다. 스포츠 물품이 발전하며 엔지니어들은 공정한 경쟁과 불공정한 이점 사이의 경계가 어디인지에 대한 의문을 제기했고, 논의를 거쳐 스포츠 규정이 바뀌어 왔다.

공학적으로 디자인된 운동 장비

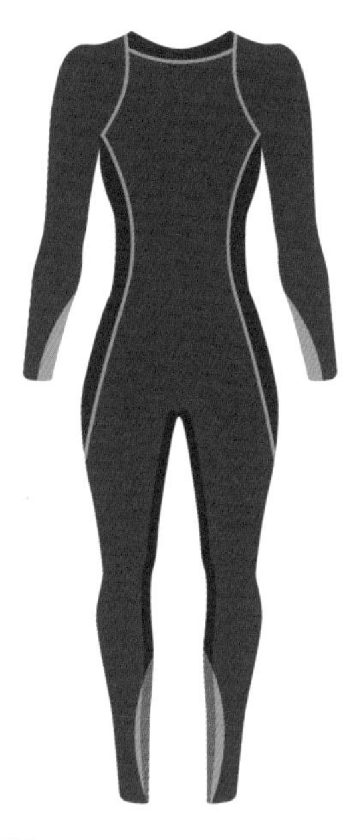

수영복
직물에는 물이 흐르는 것을 방해하는 성질이 있다. 이제는 그러한 성질을 활용하여 사용자에게 맞춤화된 수영복을 제공하고 효율적인 방식으로 근육이 움직이도록 돕는다.

축구공
가죽으로 만든 공은 충분히 단단하기 때문에 발로 차기에 괜찮지만, 시간이 지나면 물을 흡수하면서 변형된다. 1800년대 초 찰스 굿이어Charles Goodyear는 가황 고무를 사용해서 모양을 더 잘 유지하고 물에 무거워지지 않는 공을 만들었다.

골프공
공기가 움직이는 공의 표면 위로 미끄러지면 구부러진 후면에서 작은 "난류 웨이크 영역"을 남긴다. 이 영역 내부의 압력이 공을 잡아당기면서 항력을 생성한다. 골프공 표면에 파인 구역을 추가하면 공 위로 흐르는 공기가 분리되는 데 더 오랜 시간이 걸리기 때문에 난류 웨이크 영역은 더 작아지고 공이 더 멀리 이동하게 된다.

사이클링
더 빨리 움직이는 자전거를 만들기 위해 엔지니어는 부품의 저항, 바퀴의 저항, 공기의 저항이라는 세 가지 문제를 극복해야 한다. 이는 탄소 섬유와 같은 더 가벼운 재료로 자전거를 만들고, 브레이크 등의 반드시 필요하지 않은 부품을 제거함으로써 어느 정도 해결할 수 있었다. 또한 엔지니어는 전산 유체 역학 도구를 사용하여 자전거와 라이더 주변의 공기 흐름을 매핑해 더 빠르게 달리기 위해 조정할 수 있는 영역을 찾는다.

러닝화
발이 땅에 닿을 때마다 체중의 약 2.5배의 무게가 신발에 전달된다. 지면을 뒤로 밀며 달릴 때 이 힘은 움직임을 느리게 하고 뼈와 근육에 충격을 준다. 따라서 엔지니어는 무거운 발걸음을 처리할 수 있도록 성능을 개선해야 하며, 신발을 발에 꼭 맞게 디자인하면도 자연스럽게 움직일 수 있도록 공간을 제공해야 한다.

퀴즈

화학 공학

1. 연금술사들의 공통된 목표는 무엇이었을까?

A. 비금속을 금으로 바꾸는 것

B. 완벽한 케이크를 굽는 것

C. 원소 주기율표를 발견하는 것

D. 화약을 만드는 것

2. 연금술사와 화학 공학자의 차이점은 무엇일까?

A. 연금술사는 발명한 것이 없다

B. 연금술사는 자신의 발견으로 다른 물건을 개선하지 않았다

C. 연금술사는 아무것도 기록하지 않았다

D. 연금술사는 실험이나 결과를 설명할 때 과학적이지 않았다

3. 금속은 자연에서 흔히 어떤 형태를 가질까?

A. 소금 분자의 혼합물

B. 화합물 원소의 혼합물

C. 광석이라고 불리는 광물의 혼합물

D. 합금 금속의 혼합물

4. 금이 자연에서 순수한 원소 형태로 발견되는 이유는 무엇일까?

A. 금은 광석으로 찾기에는 너무 희귀하다

B. 금은 매우 낮은 온도에서 제련된다

C. 금은 분해하기에 너무 단단하다

D. 금은 다른 원소와 쉽게 반응하지 않는다

5. 2007년에 이스라엘에서 가장 오래된 금속 유물 중 하나인 발견되었다. 이 유물은 언제 만들어졌을까?

A. 기원전 1만 200년경

B. 기원전 5200년경

C. 기원전 200년경

D. 기원전 1200년경

6. 연지벌레를 갈아 만든 색소는 무엇일까?

A. 초록색

B. 파란색

C. 검은색

D. 빨간색

7. 플라스틱의 공통점은 무엇일까?

A. 플라스틱은 모두 기름으로 만들어진다

B. 플라스틱은 모두 탄소 기반 중합체이다

C. 플라스틱은 모두 야생 동물에게 위험하다

D. 플라스틱은 모두 폴리에틸렌 테레프탈레이트(PET)로 만들어진다

8. 엔지니어들은 석유를 사용하지 않거나 자연에서 쉽게 분해되는 플라스틱 제품을 연구하고 있다. 이 플라스틱을 무엇이라고 부를까?

A. 바이오 플라스틱

B. 감자 플라스틱

C. 폴리 젖산 플라스틱

D. 슈퍼 플라스틱

7장

간단 요약

화학 공학은 특정 작업에 더 적합하고 좋은 새로운 재료를 개발하기 위해 물리학과 생물학 및 화학을 응용하는 것을 포함한다.

- 초기 연금술의 관행에는 "불완전"하게 섞인 요소들을 "완전한" 것으로 만들기 위해 여러 가지 용액을 섞는 작업이 포함되었다. 이때 가장 완전한 요소는 금을 뜻한다.
- 광석을 구성하는 원소 혼합물에서 열과 탄소를 사용해 구리 같은 금속을 분리하는 과정을 '제련'이라고 부른다.
- '안료'라고 하는 유색 화학 물질은 백색광의 혼합 방사선에서 파장을 흡수하여 색상을 방출한다. 우리가 보는 색은 안료에 흡수되지 않고 반사된 것이다.
- 플라스틱 폐기물을 최소화하기 위해 우리가 지킬 것은 플라스틱 사용량을 줄이고, 재사용 및 재활용하는 것이다.
- 바이오 플라스틱은 석유로 만들어지지 않거나 자연에서 쉽게 분해되는 탄소 중합체를 기반으로 하는 재료군이다.
- 화학자 프리츠 하버는 질소 가스가 수소 가스와 반응하여 암모니아를 만드는 촉매를 발견했다.
- 스포츠 용품을 개선하는 과정에서 엔지니어들은 공정한 경쟁과 불공정한 이점 사이의 경계가 어디인지 의문을 제기했고 논의를 통해 스포츠 규정이 바뀌어 왔다.

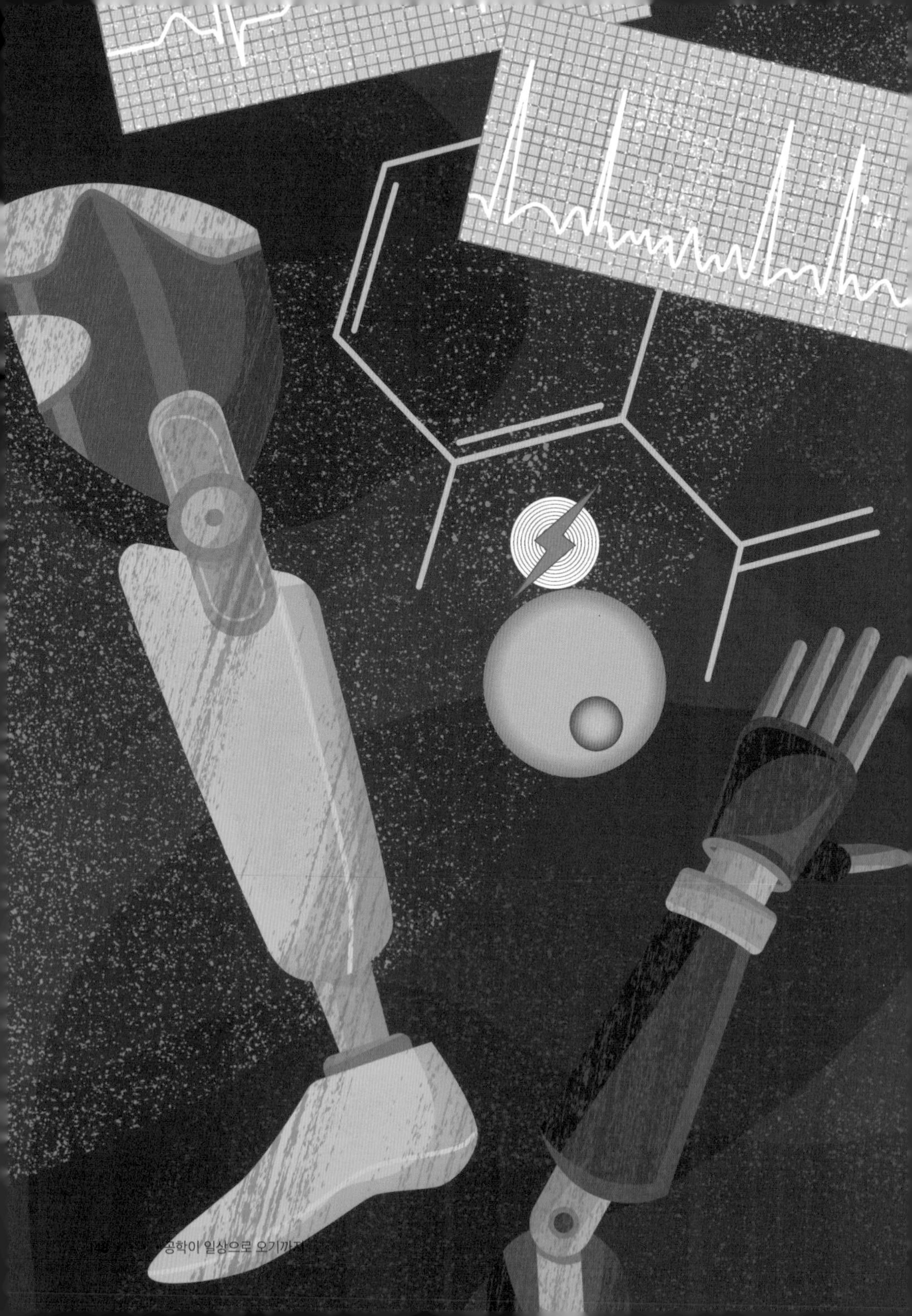

8

생명 공학

인간의 몸은 복잡한 기계에 비유할 수 있다. 뼈와 근육은 지렛대처럼 작동하고 심혈관계는 관으로 연결된 네트워크를 통해 피를 보낸다. 미시적인 수준에서 신체의 세포는 분자 엔진처럼 연료를 연소한다. 따라서 신체에 문제가 생겼을 때 생명 공학자들은 화학 및 물리학적 지식을 생물학에 적용한다. 미래에는 생명 공학이 어떻게 우리 몸을 고치고 개선할 수 있을지 상상해 보자!

이번 장에서 배우는 것

- ∨ 제약 공학
- ∨ 심장의 공학
- ∨ 뼈와 장기
- ∨ 신체를 구성하는 요소
- ∨ 사람의 장기는 어떻게 자랄까?
- ∨ 실험실에서 잉태된 생명
- ∨ 유전자 조작
- ∨ 주방 안의 공학

8.1 제약 공학

질병은 삶의 불행한 부분이다. 뼈가 부러지고, 미생물이 침입하고, 장기가 마비되면 목숨이 위험해진다. 인간을 비롯한 많은 동물은 오랜 세월 생존하며 올바른 음식을 섭취하면 몸이 질병을 조금 더 빨리 치유할 수 있다는 사실을 학습했다.

19세기 초반부터는 천연 재료의 핵심적인 치유 성분을 식별하고 추출 및 제조할 수 있게 되었다. 오늘날 의약품 생산은 약 1조 달러 규모의 글로벌 산업이 되었다.

화학자들은 다양한 분야에서 질병을 치료할 새로운 방법을 찾는다. 그중 일부는 열대 우림이나 산호초와 같은 자연 생태계에서 얻었으며, 지역의 토착 문화마다 세대를 걸쳐 전해져 내려오기도 했다. 다른 것들은 컴퓨터를 사용해 기존 치료법을 수정하거나 우리 몸에 대한 모델을 생성하는 방식으로 만들어지기도 한다.

신체의 분자 모양을 예측해 약물을 설계할 수 있다. 2008년 워싱턴대학교는 아미노산이 단백질로 배열되는 방식을 알아내는 컴퓨터 게임 형태로 폴더잇을 출시했다.

에를리히의 특효약

20세기 초 과학자들은 많은 질병이 미생물 감염으로 인해 발생한다는 사실을 발견했다. 약물을 사용해 미생물 유기체를 죽일 수는 있었지만, 문제는 환자에게 독이 되지 않는 약물을 찾는 것이었다. 독일의 의사 파울 에를리히Paul Ehrlich는 신체에 해를 끼치지 않으면서 미생물에 적중하는 "화학적 총알"을 상상했다. 그와 그의 연구원들은 '아톡실린'이라는 약물과 유사한 수백 가지의 화합물을 실험했다. 하지만 이 약물은 사람이 사용하기에는 독성이 너무 강했다.

1909년 마침내 이들은 매독의 원인이 되는 매독균(매독트레포네마)을 죽일 특효약을 발견했다. '살바르산'이라는 이름으로 판매된 이 제품은 이전의 독한 수은 치료보다 훨씬 우수했으며 30년 후 페니실린을 분리해 생산하기 전까지 세계 최고의 특효약으로 여겨졌다.

아스피린 1853년 화학자 샤를 프레드릭 게르하르트Charles Frédéric Gerhardt는 '살리실산'이라는 식물 화합물에 염화아세틸을 첨가했다. 의학 분야는 수 세기 동안 산을 사용해왔는데 이 새로운 산은 기존에 사용하던 것보다 덜 자극적이었다. 이는 이후 '아스피린'이라는 이름으로 판매되었다.

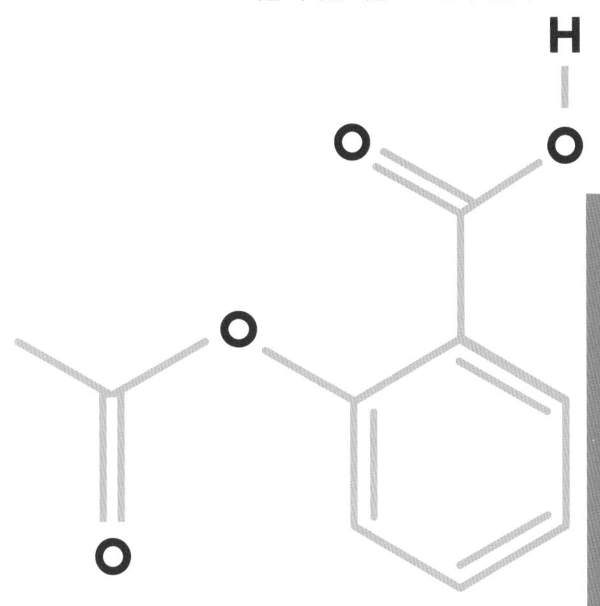

토막 상식

고대부터 양귀비는 통증을 완화시키기 위해 사용되었다. 1800년대 후반 양귀비에서 통증을 완화하는 화학 물질 모르핀이 확인되었고, 이는 곧 '디아모르핀'이라는 강력한 신약의 기초로 사용되었다. 이 약은 잠시 '헤로인'이라는 이름으로 판매되었고, 그 이름은 오늘날까지 이어져 왔다.

쪽지 시험

1. 동물들은 어떻게 몸을 치유할까?
2. 살바르산이란 무엇일까?
3. 살바르산은 어떤 작용을 했을까?
4. 화학자들은 의약품의 기초가 될 새로운 재료를 어디에서 찾을까?
5. 오늘날 글로벌 제약 산업의 가치는 얼마일까?

8.2 심장의 공학

다른 사람의 생명이 당신 손에 달려 있다면 가장 중요한 것은 그 사람의 혈액이 몸 전체에 산소를 계속 전달하도록 하는 것이다. 그러므로 구조 시 도와줄 사람들이 도착할 때까지 흉부를 압박하는 등의 조치를 취해야 한다. 아무리 경험 많은 의사가 집도하더라도 장기가 스스로 회복할 수 있을 때까지는 생명을 유지해주는 장치의 도움이 필요하다.

영화에서 본 것과는 다르게 '제세동기'는 심장을 움직이는 데 사용하는 것이 아니다. 사실 이 기계는 규칙적으로 뛰지 않는 심장을 재설정하는 데 사용된다.

심장 근육은 신경과 근육 세포 안팎으로 움직이는 '이온'이라고 하는 하전 입자의 파동을 사용해 맥박이 뛰도록 조정한다. 맥박이 불규칙해졌을 때 사용하는 것이 바로 재세동기이다. 제세동기의 '패들'에서 전류가 흐르면서 심장 조직을 탈분극시킨다. 이로 인해 원자의 흐름이 멈춘 심장 전체가 재설정되어 다시 박동한다. 1899년 두 명의 스위스 의사들이 개를 대상으로 전류가 심장을 세동, 즉 떨리게 할 수 있다는 것을 처음 시연했다.

단숨에 알아보기

심전도

첫 번째 그림은 건강한 심장의 심전도 판독이다. 두 번째는 심방세동 상태의 심장으로, 이는 혈액을 비정상적으로 짜내 몸 전체로 움직이는 심전도와는 다른 형태를 보인다.

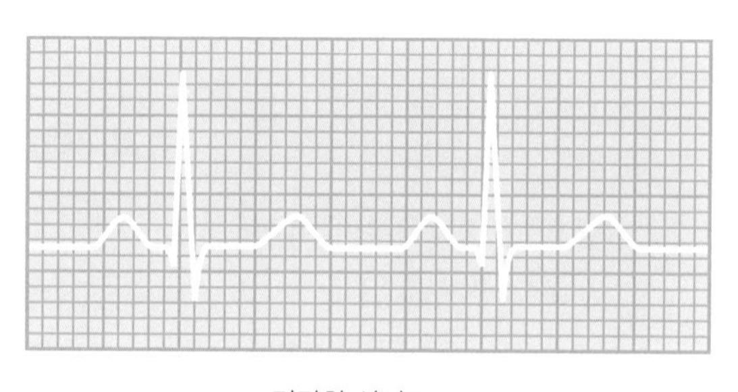

건강한 심전도

인간의 심장은 평생 평균 20~30억 번 박동한다. 닭은 사람보다 수명이 짧을뿐더러 심장이 뛰는 속도 역시 빠르다. 하지만 평생 심장이 뛰는 횟수는 비슷하다.

심박조율기

드문 경우지만 공학적인 실수는 역사를 바꾸는 발명의 영감이 되기도 한다. 미국의 의사 윌슨 그레이트배치Wilson Greatbatch는 1956년 심장 박동을 기록하는 기계를 만들던 중 결정적인 오류를 범했고, 그로 인해 놀라운 일이 찾아왔다. 그레이트배치는 회로를 구성할 때 실수로 계획했던 것보다 100배 더 강력한 트랜지스터를 삽입했다. 실수로 넣은 이 구성 요소가 전기 신호를 증폭하여 심장과 유사한 리듬으로 전기 맥박을 방출하는 작은 장치가 되었다.

4년 후 그레이트배치의 인공 심장 박동기는 배터리를 부착한 채 환자에게 이식되었고, 5년간 작동했다. 간헐적인 전기 펄스로 약한 심장을 촉발하는 다른 전자 장치도 있었지만, 대부분 너무 커서 착용할 수 없거나 신뢰성이 떨어졌다. 그레이트배치의 실수는 반 세기에 걸쳐서 수백만 명의 생명을 구했다.

심방세동 상태의 심전도

쪽지 시험

1. 영화에서 심장이 멎는 장면을 구현할 때의 오류는 무엇일까?
2. 심장 근육이 수축을 조정하는 원인은 무엇일까?
3. 세동이 일어날 때 심장은 어떤 활동을 할까?
4. 의사인 윌슨 그레이트배치는 1956년에 어떤 장치를 만들기 시작했을까?
5. 그레이트배치가 1960년에 마침내 도입한 장치는 무엇일까?

8.3 피부 아래에는 무엇이 있을까?

피부는 몸을 뽀송뽀송하게 감싸 촉촉하고 세균이 없도록 유지한다. 장기, 뼈 및 기타 조직은 피부에 덮여 있으므로 밖에서는 확인할 수 없다. 때문에 몸에 문제가 있다면 특별히 고안된 도구를 사용하여 신체 내부를 들여다보아야 한다.

1895년 독일의 기계 엔지니어인 빌헬름 뢴트겐Wilhelm Röntgen은 소량의 가스가 들어 있는 튜브를 종이로 덮은 뒤 전류를 통과시키면 근처의 형광 종이에 불이 켜진다는 사실을 발견했다. 그는 이를 이용해 특정 물질을 통과할 수 있는 새로운 종류의 빛을 발견했다. 그는 이렇게 "엑스선(X선)"을 만들었고, 엑스선으로 신체를 통과해 필름으로 쏘아 보내는 장치가 만들어졌다. 이 광선은 뼈를 통과하지 못하므로 골격이 흰색으로 촬영되었다. 따라서 이 기계는 뼈를 촬영하는 최초의 도구가 되었다.

엑스레이

인간 뼈에 대한 최초의 엑스선 이미지는 결혼반지를 낀 뢴트겐 부인의 왼손이었다. 그녀는 큰 충격을 받아 "마치나 자신의 죽음을 들여다보고 있는 기분"이라고 표현한 것으로 알려져 있다.

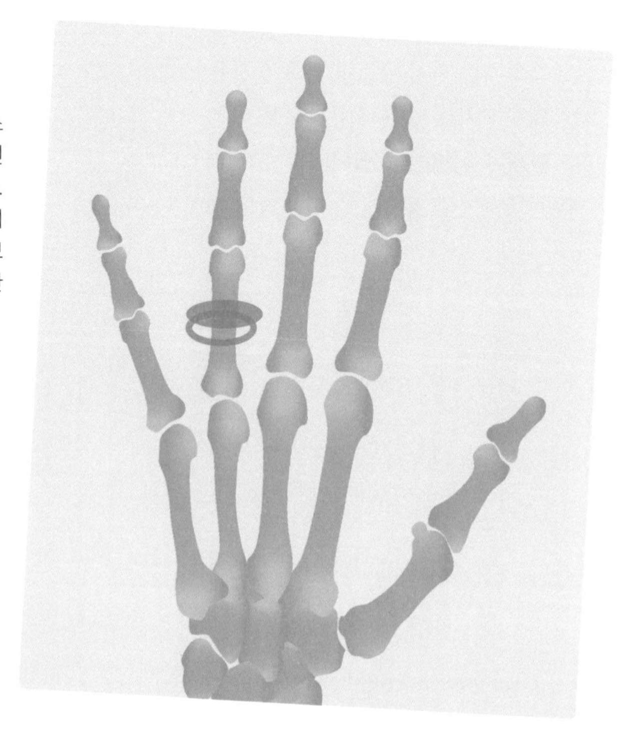

자기공명 화상법(MRI)

신체에 있는 모든 원자의 핵 내부에는 '양성자'라고 하는 하나 이상의 양전하 입자가 있다. 이 입자들은 언제나 북쪽을 가리키는 나침반 바늘처럼 초강력 자기장 내부에서는 강제로 정렬될 수 있다. 전파가 약할 때는 양성자가 모두 흔들리면서 다른 방향으로 회전한다. 무선 신호가 멈추면 양성자가 제자리로 돌아오면서 폭발하는 에너지를 방출한다. 이런 방출은 센서를 통해 신체의 화학적 차이로 인식되고 상세한 인체 내부의 이미지를 안전하게 제공한다.

쪽지 시험

1. 빌헬름 뢴트겐은 1895년에 어떤 종류의 빛을 발견했을까?
2. 의료 영상에서 MRI는 무엇의 약자일까?
3. MRI 기계에서 전파의 흐름이 멈추면 신체의 양성자는 어떻게 될까?
4. 인간은 왜 초음파를 들을 수 없을까?
5. 초음파 스캐닝은 주로 어디에 사용될까?

초음파

층간 소음을 겪어본 적이 있다면 빛이 갈 수 없는 곳일지라도 소리는 이동할 수 있다는 사실을 알고 있을 것이다. 음파가 구부러지고 울려 퍼지는 방식을 통해 공간과 사물에 대한 감각을 얻는다는 것 또한 알 수 있다. 초단파 초음파는 사람의 귀가 감지하기에는 너무 높다. 이러한 초음파를 감지하는 기계는 프랑스의 화학자 피에르 퀴리Pierre Curie 덕분에 만들어질 수 있었다. 1940년대 물리학자들은 퀴리가 발견한 것을 활용해 인체에 작은 음파를 발사하고, 그 메아리를 이미지로 변환하는 장치를 개발했다. 오늘날 우리는 다양한 의학적 목적으로 초음파 장치를 사용한다. 사실 당신의 인생 첫 사진은 엄마 배 속에 있을 때 찍은 초음파 사진일 것이다. "치즈!"라고 외치며 좋은 표정을 지었기를 바란다.

토막 상식

최초의 청진기는 1816년 프랑스 의사 르네 라에네크René Laennec가 만들었다. 그는 덩치 큰 여성의 심장 소리를 더 명확하게 듣기 위해 십여 장의 종이를 말아서 사용했고, 이것에서 영감을 얻어 회진을 돌 때 사용할 나무 실린더 모양의 청진기를 발명했다.

8.4 신체를 구성하는 요소

신체 일부를 잃는 것은 충격적인 경험이 될 수 있다. 오늘날에는 외과가 발전하여 손가락이나 팔다리, 또는 얼굴 부위가 잘려도 다시 봉합하여 일부 기능을 회복할 수 있다. 하지만 봉합 불가능한 경우에는 신체 기관과 구조를 대체하는 기계를 사용할 수 있으며, 이러한 기계는 실제 몸과 거의 비슷하게 작동한다.

신체 일부를 합성 재료로 대체하는 기술을 '의지' 또는 '보조기', '인공 기관'이라고 부른다. 전기 공학자, 재료 공학자, 생명 공학자 등 다양한 공학자들이 장치 개발에 기여하고 있다. 엔지니어들은 큰 힘을 들이지 않아도 쉽게 반응하고 움직이는 시스템을 만들기 위해 노력하고 있다. 가장 오래된 보조 장치는 기원전 710~950년 사이에 사용되었다. 엄지발가락을 나무로 조각한 뒤 가죽끈에 부착하는 이 유물은 아마도 발가락을 잃은 착용자가 편안하게 걸을 수 있도록 돕는 장치로 보인다.

호흡과 생명

호흡은 삶의 필수적인 부분이다. 심장이나 호흡기 계통의 부전으로 인해 이를 스스로 관리할 수 없을 때는 ECMO(체외 막 산소 공급)를 사용할 수 있다. 이것은 일반적으로 허벅지 근처의 큰 정맥에서 빼낸 혈액을 살짝 예열해 다른 정맥이나 동맥을 통해 환자에게 돌려주는 방식이다.

ECMO는 1950년대 미국 외과 의사인 존 기번John Gibbon이 장기 수술을 위해 개발했다. 이전에 사용하던 기계에는 작은 혈액 저장소가 있었는데 그곳에서 혈액이 쉽게 응고되곤 했다. 더 간단하고 안전한 기번의 방법이 오늘날까지도 전 세계에서 다양한 건강 상태의 환자들을 치료할 때 사용되고 있다.

토막 상식

엔지니어들은 혈당 수치를 측정하고 사용할 인슐린의 양을 계산하는 장치를 개발하고 있다. 당뇨병 환자는 컴퓨터 기술에 기반한 인공 췌장으로 췌장 기능을 수행함으로써 질병 위험과 혈당 변동으로 인한 사망 위험을 줄일 수 있다.

단숨에 알아보기

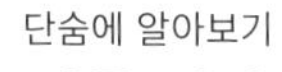

기술의 발전을 통해 더 편하고 쉽게 제어할 수 있는 메커니즘으로 의수를 더 가볍고 강하게 만들고 있다.

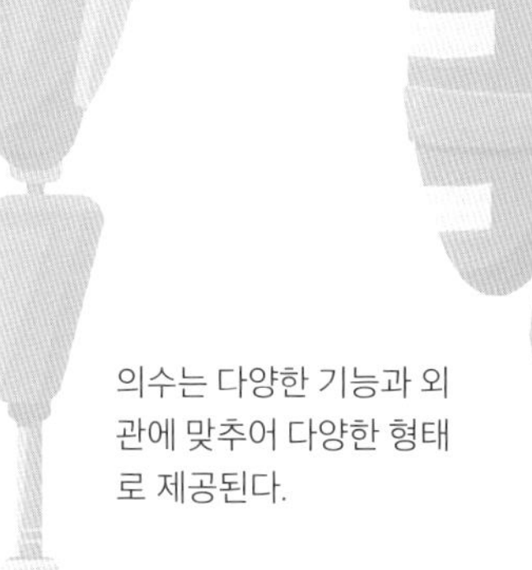

의수는 다양한 기능과 외관에 맞추어 다양한 형태로 제공된다.

쪽지 시험

1. 인공 신체 부위를 만드는 기술을 무엇이라고 부를까?
2. 신체 일부를 인공 기관으로 대체한 첫 사례는 무엇일까?
3. ECMO는 어떤 신체 시스템의 역할을 했을까?
4. ECMO 이전에 사용되었던 혈액에 산소를 공급하는 기계의 문제점은 무엇일까?

8.5 장기는 어떻게 자랄까?

19세기 초 처음으로 성공적인 수혈이 이루어진 후, 의사들은 장기나 조직, 심지어는 팔과 다리를 이식하는 것까지 기술과 지식의 경계를 넓혀왔다.

매년 전 세계 60여 개국에서 약 140,000건의 장기 이식이 시행된다. 그중 약 8,000개는 심장이며, 나머지 이식은 대부분 간이나 신장으로 이루어진다. 기증자와 수여자가 다른 사람이기 때문에 모든 장기 이식은 면역 체계로 인해 실패할 위험이 있다. 백혈구는 이식된 세포의 아주 작은 차이도 감지하여 신체에 공격을 경고한다. 이를 방지하기 위해 환자는 기증된 장기가 손상되지 않도록 면역 체계가 반응하지 않게 유지하는 강력한 약물을 복용해야 한다.

실험실에서 인공 장기와 조직을 만드는 목적이 오직 장기 이식인 것은 아니다. 2013년 네덜란드 마스트리흐트대학교의 연구자들은 실험실에서 키운 쇠고기 조직으로 햄버거를 만들었다. 이 고기를 성장시키는 데에는 몇 달이 걸렸고, 햄버거의 가격은 270,000달러였다. 여러 회사의 연구와 시도 끝에 오늘날의 가격은 파운드당 110달러 미만으로 떨어졌다.

생명 공학자들은 세포, 조직, 심지어 환자의 신체와 똑같이 행동하는 전체 기관을 배양하는 새로운 방법을 연구하고 있다. 일부는 이미 실현되었고 언젠가 제대로 기능하는 심장이나 신장을 배양하는 기술이 개발되면 수백만 명의 생명을 구할 수 있을 것이다.

장기의 재생성

세포는 신경에서 근육, 혈액에 이르기까지 다른 모든 세포를 만들기 위한 유전적 청사진을 가지고 있다. 대부분의 세포는 이미 명확한 역할을 하고 있지만, '줄기세포'는 아직 명확한 형태를 갖추지 못하고 있다. 면역 체계가 거부하지 않는 신체 부위를 구성하는 한 가지 방법은 기증된 장기를 시작점으로 해 가능한 한 많은 자체 세포를 제거하는 것이다. 이런 과정 후에는 '세포 외 기질'이라고 부르는 세포들의 뼈대를 남기는데 이것은 면역 체계에 경고를 일으키지 않는다. 마치 남의 집에 들어가 눈에 띄는 카펫과 타일, 벽지를 뜯어낸 것과 같다. 줄기세포는 열심히 일하는 세포를 대체하는 데 사용된다. 생명 공학자들은 이런 미성숙한 세포를 뼈대에 뿌리고 영양소와 호르몬을 적절하게 혼합하여 제공하는 방식으로 거의 모든 조직에 적용할 수 있다. 일단 줄기세포가 뼈대를 덮고 나면 조직이 완전히 발달된다.

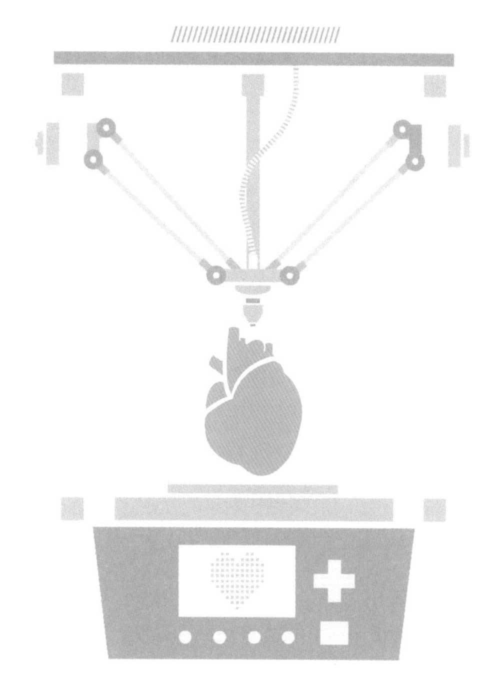

프린트된 장기?

장기는 다양한 유형의 조직으로 구성되어 있으며, 각 조직은 고유한 위치에서 성장해야 한다. 이것을 구현하는 한 가지 방법은 3D 프린터를 사용해 세포 뼈대를 프린트한 뒤 올바른 종류의 세포를 심어주는 것이다.

쪽지 시험

1. 장기 이식의 실패율이 높은 이유는 무엇일까?
2. 신체의 거의 모든 조직으로 바꿀 수 있는 세포의 종류는 무엇일까?
3. 장기를 형성하는 데 도움이 되는 딱딱한 단백질 뼈대의 이름은 무엇일까?
4. 매년 전 세계적으로 얼마나 많은 장기 이식이 이루어질까?
5. 실험실에서 배양한 소고기로 만든 햄버거의 초기 가격은 얼마였을까?

8.6 실험실에서 잉태된 생명

어떤 가족은 아이를 얻기 위해 오랫동안 노력한다. 운 좋은 커플들은 아이를 가지려고 노력한 지 한 달 이내에 임신하게 된다. 약 85퍼센트의 커플들이 임신 시도 1년 이내에 아이를 갖게되지만, 대략 10분의 1의 부부들은 아이를 가질 확률이 매우 낮다.

생명 공학은 임신에 어려움을 겪는 많은 부부에게 부모가 될 두 번째 기회를 제공한다. 보조 생식 기술은 난자를 수정하고, 그것을 건강한 신생아로 발달하는 데 도움을 주는 다양한 절차를 총칭한다. 어떤 경우에는 단순히 정자를 산모의 자궁에 전달하는 데 그치지만 일부 절차들은 조금 더 복잡하다.

체외 수정(IVF)은 산모가 더 많은 낭자를 방출하도록 하는 호르몬을 복용한 뒤, 외과 수술을 통해 난자를 수집해 체외에서 정자와 결합시킨다. 이후 기술자가 난자 중 하나 이상이 수정되었다고 판단하면 배아를 자궁으로 옮긴다. 하나 이상의 배아가 형성될 경우, 나머지는 냉동하여 보존한다.

엄마, 아빠, 그리고……

우리의 몸은 생물학적 부모의 유전자가 무작위로 조합된 결과물이다. 그러나 2016년 멕시코에서는 세 사람의 유전적 조합에 기여한 아이가 태어났다. 신체 대부분의 세포는 '핵'이라고 하는 작은 주머니에 유전 물질을 담고 있지만, 이것이 세포 안의 유일한 DNA 정보는 아니다. 세포의 전원 공급 장치로 작동하는 작은 세포 기관인 미토콘드리아 내에도 소량의 DNA가 있다. 모든 미토콘드리아는 같은 곳(어머니의 난자)에서 왔다. 그러므로 산모의 미토콘드리아 유전자에 돌연변이가 있는 경우, '리 증후군 장애'가 생길 위험이 있다. 그래서 과학자들은 산모의 난자에서 핵을 채취해 건강한 난자의 핵과 교환해 산모가 건강한 아이를 잉태하도록 돕는다.

단숨에 알아보기

클론

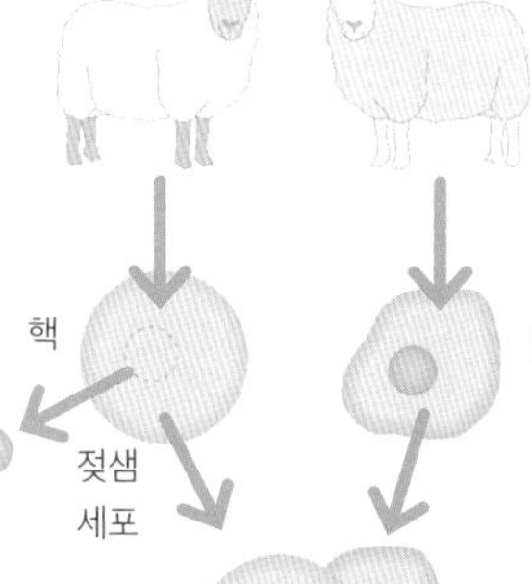

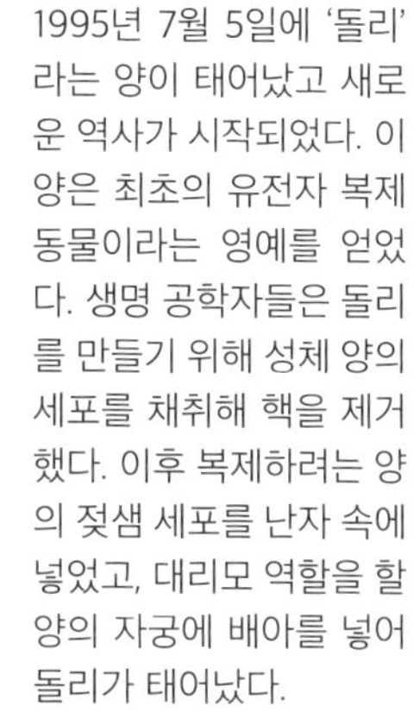

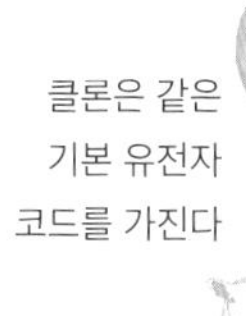

1995년 7월 5일에 '돌리'라는 양이 태어났고 새로운 역사가 시작되었다. 이 양은 최초의 유전자 복제 동물이라는 영예를 얻었다. 생명 공학자들은 돌리를 만들기 위해 성체 양의 세포를 채취해 핵을 제거했다. 이후 복제하려는 양의 젖샘 세포를 난자 속에 넣었고, 대리모 역할을 할 양의 자궁에 배아를 넣어 돌리가 태어났다.

토막 상식

전 세계적으로 출산율이 감소하고 있는 것을 보아 과거보다 더 많은 이들이 임신에 어려움을 겪고 있다는 사실을 알 수 있다. 왜 이런 일이 일어나는지는 아무도 알 수 없지만, 어떤 이들은 세기 중반이 되면 세계 인구가 역사상 처음으로 감소하기 시작할 것이라고 추정한다.

쪽지 시험

1. 몇 쌍의 부부가 임신을 시도한 첫 해에 아이를 갖는데 성공할까?
2. 체외 수정이란 무엇이며 어떤 과정으로 이루어질까?
3. 세포의 핵 외에 다른 곳에서 DNA를 찾을 수 있을까?
4. 미토콘드리아는 어디에서 왔을까?
5. 돌리라는 이름의 양은 어떻게 유명해졌을까?

8.7 유전자 조작

DNA가 책이라면 작업을 수행하는 방법에 대한 가이드북일 것이다. 그중 일부는 단백질을 형성하는 법을 알려준다. 어떤 책은 다른 책을 읽는 방법에 대해 가르쳐준다. 어떤 책은 몇몇 페이지가 누락되었거나, 글자가 재배열되어 있거나, 말도 안 되는 내용이 쓰여 있기도 하다.

농부들은 동식물 모체를 조절하여 영양가가 높거나 털이 풍성하거나 살집이 좋은 가축을 키웠다. 이것을 '선발 육종'이라고 한다. 농부들은 좋은 작물에서 씨앗을 선택하거나 성장 상태가 좋은 동물만 번식하도록 허용해 왔다. 최근 과학자들은 DNA 내용을 자르고 재배열하는 데 사용할 '효소'라는 단백질을 만드는 박테리아를 발견했다. 올바른 효소를 선택해 누락되고 뒤죽박죽된 유전자를 직접 편집할 수도 있다. 이런 방법을 약제로 쓸 유전자를 삽입하거나, 질병을 유발하는 유전자를 제거하거나, 해충에 대한 내성을 높이는 데에도 사용할 수 있다.

크리스퍼 유전자 가위(CRISPR-Cas9)

과학자들은 1990년대 후반에 박테리아와 고세균에서 일정한 간격으로 분포하는 짧은 DNA 염기 서열이 반복되는 것(CRISP, clustered regularly interspaced short palindromic repeats)을 발견했다. 그들은 박테리아를 감염시키려던 바이러스 안에서 훔쳐진 유전자가 있다는 것을 발견했다. 바로 과거에 바이러스의 공격을 기억하여 바이러스를 죽이는 효소였다. '크리스퍼 유전자 가위'라고 부르는 이 염기 서열과 효소는 유전 공학자들이 변경하려는 DNA 서열을 정확하게 찾아내는 데에 사용된다. 유전자 일부를 명시하면 그 부분을 찾는 효소를 보내 절단하거나 파괴하거나 새로운 서열을 넣기 위한 공간을 만들 수 있다. 일부 연구자들은 이 기술이 아직 사람에게 사용하기에는 완벽하지 않다고 우려를 표한다. 질병을 유발하는 유전자를 파괴할 때 사용할 수 있지만 다른 유전자를 절단하여 일부 세포가 엉망이 되고 그 결과로 암을 유발할 위험이 있다.

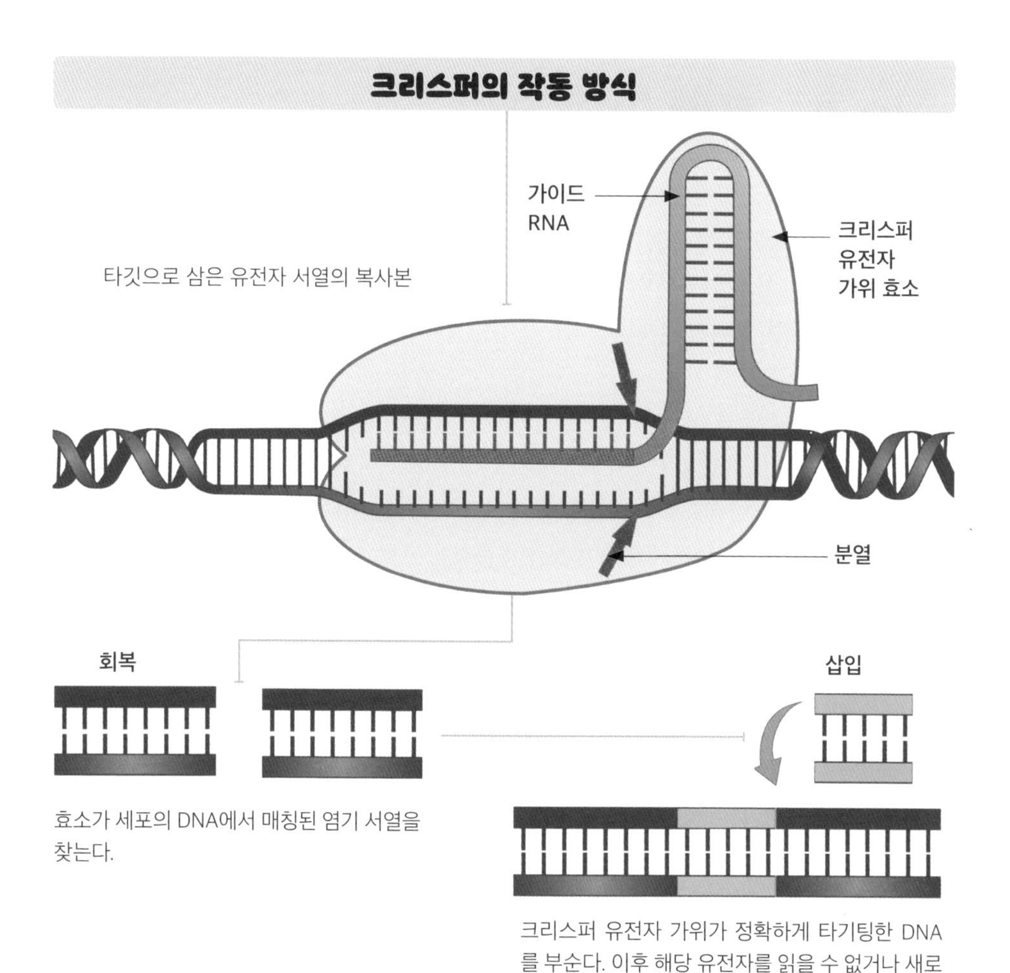

쪽지 시험

1. 유전자란 무엇일까?
2. 선발 육종이란 무엇일까?
3. 유전 공학은 무엇에 사용될까?
4. 박테리아는 크리스퍼 유전자 가위를 어디에 사용할까?
5. 살아 있는 인간의 질병을 치료하기 위해 크리스퍼 유전자 가위를 사용하면 어떤 위험이 따를까?

8.8 주방 안의 공학

동네 슈퍼마켓의 모든 제품에는 엔지니어의 노고가 담겨 있다. 어떤 제품은 맛을 더 좋게 하기 위해, 어떤 제품은 더 좋아 보이기 위해, 어떤 것은 신선도를 유지하기 위해 공학이 적용되었다. 어떤 경우에는 새로운 기술이 발견되어도 수 세기 동안 사용되어온 오래된 방법이 계속 사용되는 경우도 있다.

현대에는 식품을 더 안전하게 많은 사람에게 제공하기 위한 기술이 더욱 중요해졌다. 인간은 고대부터 고기와 채소를 보존해 왔으며, 수분을 제거하고 항균제를 첨가하여 음식을 미생물로부터 보호했다. 이를 위한 전통적인 방법에는 건조나 염장, 훈제 등이 있다. 수분이 적으면 미생물이 음식을 통해 이동하고 번식하는데 더 오랜 시간이 걸린다. 소금과 연기 입자는 수분을 뽑아내는 동시에 세균이 생존하기 어려운 환경을 만든다.

빵과 시리얼처럼 달콤한 식품에는 놀랍도록 많은 양의 소금이 들어간다. 이런 숨겨진 나트륨 때문에 염분 섭취량을 줄이기 어려운 것이다.

단숨에 알아보기

일반적인 천연 식품 첨가물

E120

코치닐: 붉은 연지벌레에서 얻은 빨간색 색소

E260

아세트산: 식초에서 얻은 보존제

E322

레시틴: 달걀노른자에서 얻은 유화제(지방이 물과 섞이도록 도와줌)

당신의 번호는 무엇인가요?

오늘날 화학 공학자들은 음식에 색을 추가하고 공기에 닿지 않게 포장해 더 맛있어 보이게 만들고, 맛을 더할 재료를 넣는다. 일부는 복잡한 이름을 가진 화학 물질이지만, 대부분은 과일이나 향신료에서 자연적으로 발견할 수 있는 재료이다. 예를 들어 감귤류에서 발견되는 비타민 C는 음식의 색을 망치는 산소를 흡수하는 데 도움이 된다. 사용된 첨가제를 쉽게 확인할 수 있도록 첨가제, 색소, 방부제, 농후제, 감미료에는 "E"에 번호를 붙여 부른다. "E"는 유럽을 의미하지만 다른 지역에서도 사용된다.

수년 동안 사람들은 착색제 아마란스(E123)와 타르트라진(E102) 등의 특정 화학 물질을 식품에 넣는 것에 대해 우려를 표했다. 일부 첨가제는 알레르기가 있는 사람에게 반응을 일으킬 위험이 있지만, 적은 양이 위험하게 작용한다는 과학적인 증거는 거의 없다.

쪽지 시험

1. 고대 사람들은 음식을 어떻게 보존했을까?
2. 훈연은 고기에 어떤 작용을 할까?
3. 식품 엔지니어가 일부 식품에 비타민 C를 첨가하는 이유는 무엇일까?
4. E-번호에서 "E"는 무엇을 의미할까?

E401
알긴산 나트륨: 해조류에서 얻은 농후제

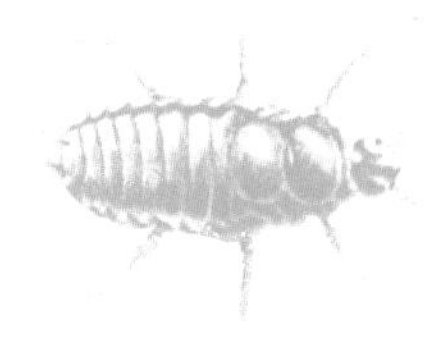

E904
셸락: 락깍지벌레에서 얻은 광택제

퀴즈

생명 공학

1. 살바르산은 최초로 개발되어 판매된 항생제였다. 이 약은 어떤 질병을 치료하는 데에 쓰였을까?
   A. 결핵
   B. 매독
   C. 황금 포도상구균
   D. 홍역

2. 제세동기는 어떤 일을 할까?
   A. 뛰는 심장을 멈춘다
   B. 멈춘 심장을 시작한다
   C. 느린 심장 박동을 빠르게 만든다
   D. 사람들에게 생명을 불어넣는다

3. 1960년 윌슨 그레이트배치가 실수로 만들어낸 인명 구조 장치는 무엇인가?
   A. 제세동기
   B. 엑스레이 기계
   C. 웨어러블 심장 박동기
   D. 소생술 마네킹

4. 자기 공명 영상 기계는 어떻게 신체 조직을 측정할까?
   A. 몸의 전파를 들어서
   B. 체내 엑스레이를 측정하여
   C. 신체의 어떤 원자가 북쪽을 가리키는지 측정하여
   D. 자기장에서 원자의 양성자 변화를 측정하여

5. 가장 오래된 보조 장치는 큰 나무 발가락이었다. 이것은 언제 만들어졌을까?
   A. 기원전 1만 년에서 9500년 사이
   B. 기원전 950년에서 710년 사이
   C. 기원전 50년에서 서기 100년 사이
   D. 1850년에서 1910년 사이

6. 생명 공학의 줄기세포란 무엇일까?
   A. 식물 내부에 물을 운반하는 세포
   B. 뇌 내부에서만 발견되는 세포
   C. 특정 작업에 대한 기능을 아직 개발하지 않은 세포
   D. 실험실에서 만든 인공 세포

7. 일반적으로 임신 가능성이 매우 낮은 부부의 비율은 얼마일까?
   A. 약 1%
   B. 약 10%
   C. 약 25%
   D. 약 50%

8. 화학 엔지니어는 왜 식품에 재료를 추가할까?
   A. 법을 따르기 위해
   B. 제조 공정의 속도를 높이기 위해
   C. 모양, 느낌 또는 맛을 더 맛있게 만들기 위해
   D. 당뇨병을 치료하기 위해

8장

간단 요약

인체에 장애가 발생하면 엔지니어가 화학 및 물리학에 대해 알고 있는 지식을 인체의 생물학에 적용한다.

- 19세기 초반부터는 이전에는 볼 수 없었던 천연 재료의 핵심적인 치유 성분을 식별하고 추출한 뒤 제조할 수 있게 됐다.
- 제세동기는 규칙적으로 뛰지 않는 심장을 재설정하는 데 사용된다.
- 1895년 빌헬름 뢴트겐은 특정 물질을 통과할 수 있는 새로운 종류의 빛을 발견했다.
- 신체 일부를 합성 재료로 대체하는 기술을 사용하는 의학 분야를 '의지' 또는 '보조기'라고 부른다.
- 매년 전 세계 60여 개국에서 약 140,000건의 장기 이식이 시행된다.
- 보조 생식 기술은 난자를 수정하고 건강한 신생아로 발달하는 데 도움을 주려는 다양한 절차를 총칭한다.
- 최근의 과학자들은 DNA에서 특정 내용을 자르고 재배열하는 데 사용하는 효소를 만드는 박테리아가 있다는 사실을 발견했다.
- 현대에는 식품을 더 안전하게 만드는 동시에 더 많은 사람에게 제공하기 위한 식품 기술이 더욱 중요해졌다.

9

통신

오늘날 우리는 지구 반대편에 있는 누군가와 즉각적으로 의사소통을 하는 것을 아무렇지 않게 받아들이지만, 불과 200년 전만 해도 멀리 메시지를 보내려면 몇 주가 소요됐다. 전기가 발명되면서 전신, 전화, 라디오, 텔레비전을 통해 즉각적으로 장거리 통신이 가능하게 되었고, 오늘날에는 컴퓨터와 인터넷의 발전 덕분에 훨씬 더 많이 연결되어 있다. 우리는 역사상 그 어느 때보다 더 쉽게 아이디어를 공유할 수 있게 되었다.

이번 장에서 배우는 것

- ∨ 통신의 역사
- ∨ 파동을 통한 통신
- ∨ 디지털화
- ∨ 데이터의 세계

9.1 통신의 역사

인간은 말을 많이 하는 수다스러운 동물이다. 우리 조상이 언어를 개발한 정확한 시기는 알 수 없지만, 영장류는 대략 50만 년 전부터 입술과 혀와 목을 움직여서 소리를 생성하고 생각을 전달하도록 진화했다. 그리고 그 후로는 한 번도 입을 다물 줄을 몰랐다.

"안녕하세요"라고 말하거나 손을 흔들거나 수화를 통해 단어를 표현하면 두뇌는 그것이 인사라는 것을 인식한다. 우리는 이런 재능을 '독립된 양상'이라고 부른다. 표현의 형식은 중요하지 않다. 인간은 약 1만 년 동안 그림이나 언어를 사용해 아이디어를 그리거나 써서 표현해왔다. 글쓰기는 자신이 생각하는 것을 보존하여 먼 곳이나 미래의 세대에게 보내는 데 유용하다. 1439년 독일의 금속 세공인인 요하네스 구텐베르크Johannes Gutenberg는 인간의 의사소통 방식을 변화시킬 발명품을 고안했다. 구텐베르크는 활자를 틀에 배열해 쉽고 빠르게 필요한 문장을 만드는 방법을 개발했다. 그의 인쇄기를 사용하면 손으로 적는 것보다는 말할 것도 없이 빨랐으며, 페이지 전체를 틀로 짜서 인쇄하는 다른 방법보다도 훨씬 더 빨랐다. 또한 인쇄 비용이 저렴해지면서 많은 양의 책을 만들 수 있게 되었고, 이는 글쓰기의 혁명을 일으키게 된다.

따르릉 따르릉!

중국의 만리장성을 따라 위치한 성들은 한때 불을 피우는 목적으로 설치되었다. 연기를 통해 성벽 멀리 신호를 보내면 다른 성에서 그것을 보고 불을 피워 다른 성에 신호를 전달하는 방식으로 경고를 보냈다. 18세기와 19세기 초반 전기 엔지니어들 덕분에 오늘날 멀리 메시지를 보내기가 쉬워졌다. 엔지니어들은 도체를 통해 전류 패턴을 보내는 방법을 연구하면서 전선 한쪽에서 반대쪽으로 메시지를 전달할 수 있다는 사실을 발견했다. 문제는 전선이 길어질수록 저항이 높아져 전류가 통과하기 어렵다는 것이었는데 1828년 미국의 과학자 조지프 헨리Joseph Henry는 약한 전류로도 강한 전자기 펄스를 만들어낼 수 있도록 전자석을 강화했다. 이후 1831년에는 1.6킬로미터 길이의 전선을 통해 전류를 보내 종을 울렸다. 그렇게 현대의 전기 통신 장치 기술이 시작되었다.

모스 코드

초기의 전자 통신은 전류를 완전히 켜거나 끄는 것 밖에 할 수 없었다. 최초로 전신을 발명한 새뮤얼 모스Samuel Morse는 이 전원 패턴을 사용해 유선을 따라 보낼 수 있는 코드를 만들었다. 그가 만든 첫 번째 코드북 버전은 단어를 식별할 수 있는 숫자만을 담고 있었지만, 1840년대에 이르면서 전체 알파벳을 나타낼 수 있는 언어 체계로 발전했다.

A	•—	J	•———	S	•••	1	•————
B	—•••	K	—•—	T	—	2	••———
C	—•—•	L	•—••	U	••—	3	•••——
D	—••	M	——	V	•••—	4	••••—
E	•	N	—•	W	•——	5	•••••
F	••—•	O	———	X	—••—	6	—••••
G	——•	P	•——•	Y	—•——	7	——•••
H	••••	Q	——•—	Z	——••	8	———••
I	••	R	•—•			9	————•
						0	—————

1. 점의 길이는 간격 한 칸과 같다.
2. 선의 길이는 점의 3배이다.
3. 같은 글자 사이에는 1칸을 띄어 쓴다.
4. 글자와 글자 사이에는 3칸을 띄어 쓴다.
5. 단어들 사이에는 7칸을 띄어 쓴다.

쪽지 시험

1. 영장류의 조상이 대략 언제 전부터 의사소통을 위해 말을 사용하기 시작했을까?
2. 1439년에 요하네스 구텐베르크는 무엇을 발명했을까?
3. 모스 부호가 전체 알파벳을 나타내도록 확장된 시기는 언제일까?
4. 모스 부호에서 점 하나는 어떤 문자를 나타낼까?

9.2 파동을 통한 통신

미국의 엔지니어 알렉산더 그레이엄 벨Alexander Graham Bell은 "전기 음성 기계"를 발명했으며 언젠가 미국의 모든 도시에서 이 제품을 볼 수 있게 될 것이라고 주장하기도 했다. 그가 오늘날까지 살아서 그의 발명품인 전화기를 가진 사람이 얼마나 많은지 본다면 얼마나 놀랄까!

전화는 전류를 차단하고 전송된 전신으로 시작한 암호화된 메시지에 대한 디지털 "온-오프" 패턴을 생성한다. 음성을 전송하기 위해 벨은 더 복잡한 신호를 보내야 했다. 그의 발명품은 소리의 파동을 전류의 변화로 변환하여 나타내고, 이내 다시 소리를 형성할 수 있는 진동으로 바꾼다. 그가 만든 초기 버전은 목소리를 왜곡된 소음으로 바꿀 수는 있었지만, 세부적인 내용을 전달하는 대화는 불가능했다. 1876년 벨은 '액체 송화기'라는 장치를 테스트했다. 이 장치는 전도성 유체에 매달려 있는 막과 바늘로 이루어졌다. 소리가 막을 진동시키면 바늘이 흔들리고 유체가 출렁거린다. 때문에 회로의 저항이 변하면서 전류를 변화시켜 신호를 보낸다. 반대쪽 끝에서는 다른 막이 반대 과정을 걸쳐서 음파를 다시 만들어낸다. 이 기계를 시험할 때 그가 한 말은 반대편에 있던 조수를 부르는 것이었다. "왓슨 군 이리 오게. 할 말이 있네."

전기는 정보를 장거리로 보내는 한 가지 방법일 뿐이다. 빛의 색상처럼 데이터 역시 주파수로 저장할 수 있다. 광파는 내부 전반사 과정을 통해 물질을 통과할 수 있는데 파동이 밀도가 높은 매질에서 밀도가 낮은 매질로 이동할 때 '법선'이라고 하는 가상의 수직선을 통과하며 직각으로 굽게 된다.

1860년대에 스코틀랜드의 수학자 제임스 클러크 맥스웰James Clerk Maxwell가 저에너

벨은 전화 특허를 전신 회사인 웨스턴 유니온에 단돈 100,000달러를 받고 팔려고 했다. 그러나 그들은 이 제안을 거절하는 역사상 가장 큰 사업적 실수를 저지르게 된다.

전선 자르기

밝은 대낮에 밖에 서 있으면 태양 빛에 몸이 데워져 따뜻해진다. 태양에서 내리쬐는 하얀빛은 무지개의 모든 색이 함께 섞여 만들어진 것이다. 또한 빛에는 우리가 볼 수 없는 색상들이 포함되어 있다. 그중 일부는 고에너지 고주파 엑스선이고, 상당 부분은 자외선이며, 적외선이 산란하기도 한다. 그러한 스펙트럼 아래로 더 내려가면 마이크로파와 전파가 있다.

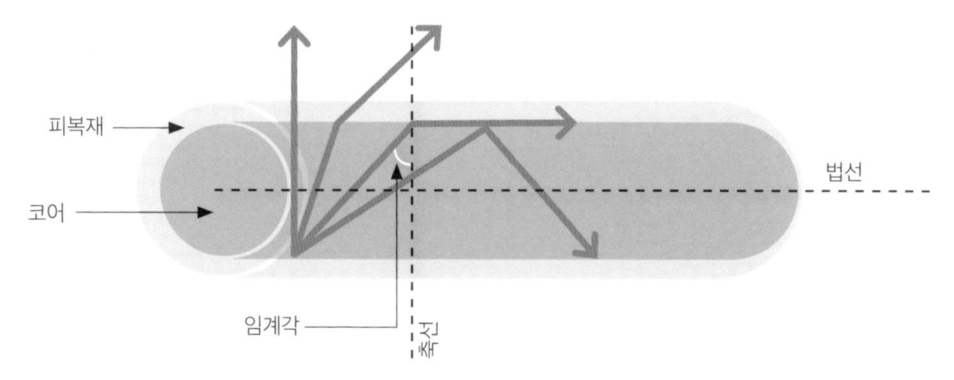

지 전파의 존재를 예측했고, 1886년 독일의 물리학자 하인리히 루돌프 헤르츠Heinrich Rudolf Hertz가 그 존재를 증명했다. 다른 한편에서는 전 세계의 엔지니어들이 전류에 의해 형성된 전자기 신호를 전송하는 방법을 찾고 있었다. 그리고 서서히 어떤 종류의 전기 신호를 사용해야 전선을 사용하지 않고도 먼 곳으로 통신을 보낼 수 있는지 분명해지기 시작했다.

이탈리아의 엔지니어 굴리엘모 마르코니Guglielmo Marconi가 이 위업을 최초로 달성했다. 그는 헤르츠의 발견에서 영감을 받았고, 물리학자 벨이 만든 것과 유사한 기계를 사용해 '헤르츠 파동'이라고 불리는 것을 만들어냈다. 19세기 말에 이르러서는 전자기 복사를 사용한 마르코니의 신호 전송의 연구가 비약적으로 발전했고, 1901년에는 대서양을 가로질러 신호를 보냈다. 그가 보낸 신호는 모스 부호에서 문자 "S"를 나타내는 점 세 개였다.

쪽지 시험

1. 알렉산더 그레이엄 벨이 발명한 "전기 음성 기계"의 다른 이름은 무엇일까?
2. 벨은 1876년에 소리를 전기 신호로 변환하기 위해 어떤 장치를 사용했을까?
3. 굴리엘모 마르코니가 1901년에 대서양을 가로질러 보낸 신호는 무엇이었을까?

9.3 디지털화

스마트폰은 전화, 전신, 도서관, 카메라, 텔레비전, 녹음기, 라디오, 우체국의 역할을 해내지만, 이 기능들은 스마트폰이 할 수 있는 일의 극히 일부에 불과하다. 이 모든 것은 디지털 통신 덕분이다. 정보를 이진 코드로 변환하여 컴퓨터를 구축할 수 있었고, 그로 인해 통신이 더 빠르고 편리해져 우리를 정보화 시대로 이끌었다.

고트프리트 라이프니츠Gottfried Wilhelm von Leibniz는 모든 숫자(즉 모든 정보)를 1과 0으로 표시할 수 있다는 사실을 깨달았다. 그러나 그는 자신의 이진법 코드가 무엇에 사용될 수 있는지 전혀 몰랐다. 그의 아이디어는 250년 후 제2차 세계 대전에서 암호를 해독하기 위한 컴퓨터를 프로그래밍하는 데 사용되었고, 그렇게 현대의 컴퓨팅이 탄생했다. 소리가 마이크에 닿으면 공기의 진동이 마이크를 진동시키고, 그 진동

단숨에 알아보기

아날로그 VS 디지털

통신 신호는 전송 후 이동하면서 왜곡되고 손상되어 "노이즈"를 생성할 수 있다. 아날로그 신호가 증폭되면 노이즈도 같이 증폭된다. 하지만 디지털 신호에는 켜짐과 꺼짐 두 가지 값만 있으므로 모든 노이즈를 무시할 수 있고, 증폭하더라도 신호의 품질이 유지된다.

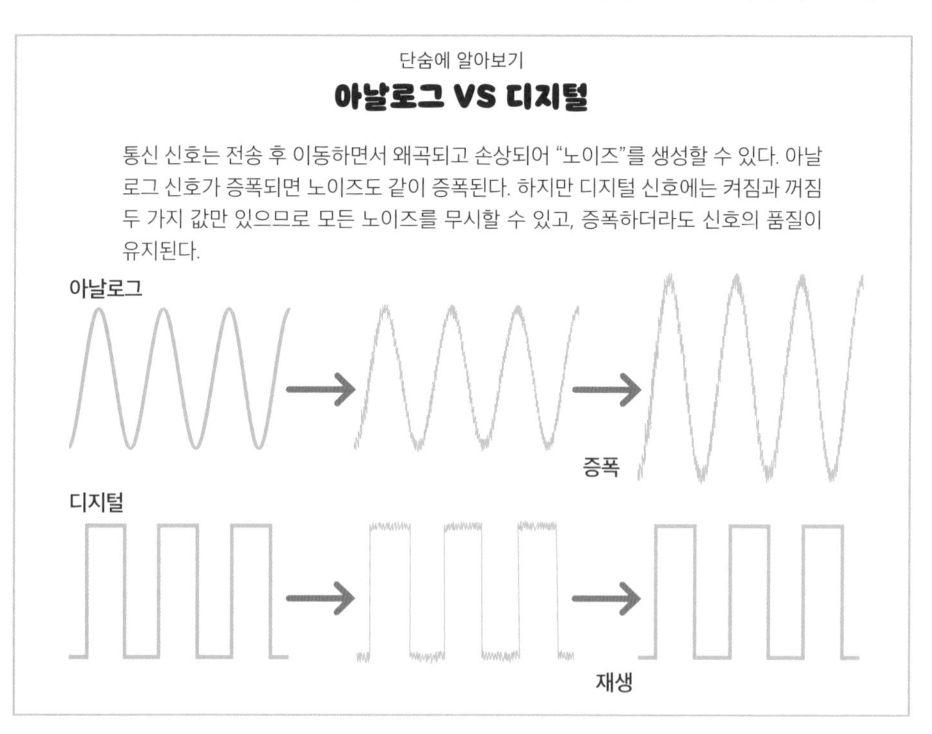

이 지속적인 전기 신호로 변환된다. 해당 신호가 스피커로 전달되면 전기 신호가 스피커에서 진동을 생성하여 마이크에서 전달된 기존의 소리를 재생성한다. 이것이 '아날로그 신호'이다. 신호가 어떤 식으로든 방해를 받으면 출력되는 소리 또한 방해를 받는다.

하지만 이진법 코드를 사용해 소리를 디지털 방식으로 표현할 수도 있다. 아날로그 신호는 1초 미만 동안 지속되는 조각으로 나뉜 뒤 각 조각에 음높이와 볼륨 값이 부여된다. 이러한 값을 이진법으로 표시한 뒤 CD에 인쇄하거나 컴퓨터에 저장할 수 있다. 그런 다음 코드가 다시 아날로그 신호로 변환되어 스피커를 통해 재생된다.

이 방법의 장점 중 하나는 신호가 약간 교란되더라도 수정할 수 있으므로 품질을 잃지 않고 더 멀리 보낼 수 있다는 것이다. 또한 빛을 사용한 광섬유를 통해 전송할 수 있으므로 전기보다 빠르고 효율적이다. 디지털 정보는 책과 레코드 대신 컴퓨터에 저장할 수도 있으므로 이제 주머니에 좋아하는 음악, 영화와 책과 사진을 잔뜩 담고 다닐 수 있다.

토막 상식

MP3 파일에는 약 350만 바이트의 데이터가 들어 있다. 종이에 이 정보를 기록하려면 A4 용지 약 2,000쪽이 필요하다. 노래 10,000곡이 있다면 약 150,000킬로그램의 종이가 필요하다. 비닐 레코드를 사용한다면 약 1,000장이 필요하지만, 무게는 약 300킬로그램으로 줄어든다. 디지털 방식으로는 250밀리그램에 불과한 마이크로 SD 카드에 저장할 수 있다.

쪽지 시험

1. 이진법이란 무엇일까?
2. 아날로그 신호란 무엇일까?
3. 음악의 디지털 신호는 어떻게 만들어질까?
4. 한 개의 MP3 파일에 들어있는 정보를 종이에 기록하려면 A4 용지 몇 장이 필요할까?
5. 정보를 디지털로 저장하는 것의 장점은 무엇일까?

9.4 데이터의 세계

1960년대 초반 컴퓨터 공학자들은 원거리에서 컴퓨터를 이용해 서로 대화할 수 있다면 정보를 공유하기가 더 쉬울 것이라고 생각했다. 미국 국방부는 아르파넷(ARPA-NET)을 사용해 처음으로 컴퓨터를 연결했으며, 1969년 시스템이 충돌하기 전 캘리포니아 대학교의 두 컴퓨터에서 "L, O, G" 라는 세 글자가 전송되었다. 이런 아이디어가 통신과 우리 일상생활에 완벽한 혁명을 일으켰고, 오늘날 인터넷에는 수십억 대의 컴퓨터들이 상호 연결되어 있다.

1970년대와 1980년대에 걸쳐 전 세계의 연구기관들 사이에 네트워크가 생겨났고, 결국에는 글로벌 인터넷을 형성하기 위해 합쳐졌다. 1989년 원자력 연구소인 CERN의 컴퓨터 과학자 팀 버너스 리는 하이퍼링크를 따라서 정보가 저장된 특정 페이지에 접근할 수 있다는 아이디어를 내놓았고, 이것을 '월드 와이드 웹(World Wide Web)'이라고 불렀다. 그 후 최초의 웹 서버와 최초의 웹 브라우저를 개발했다.

1990년대 전반에 걸쳐 가정용 컴퓨터가 보편화되었고, 인터넷은 물건을 판매하고, 게시판에 글을 올리고, 이메일과 채팅 포럼을 통해 소통하는 곳이 되었다. 더 많은 사람이 인터넷에 가입할수록 유용한 기능이 점점 더 많아졌고, 21세기에 이르러서는 음악을 공유하고 소셜미디어로 타인과 소통하는 등 우리 삶의 거의 모든 부분에 인터넷이 사용되고 있다.

인터넷의 다음 단계는 냉장고, 자동차, 심박 조율기 같은 일상적인 물건에 연결되는 사물 인터넷이다. 예를 들어 수백만 대의 냉장고가 버튼 하나로 조작된다면 전력망에 수요가 많을 때 버튼 하나로 사용 전력을 조금 절약할 수 있다. 자동차에 인터넷을 연결하면 교통 통제에 도움이 될 것이고, 심박 조율기를 인터넷에 연결하면 환자의 심장에 대한 정보를 의사에게 바로 보낼 수 있다.

인터넷의 모든 정보는 서버 어딘가에 저장되고 처리되며, 이러한 정보 중 많은 부분이 전 세계에 퍼져 있다. 웹 페이지에 접근하려면 전화기나 컴퓨터의 와이파이 신

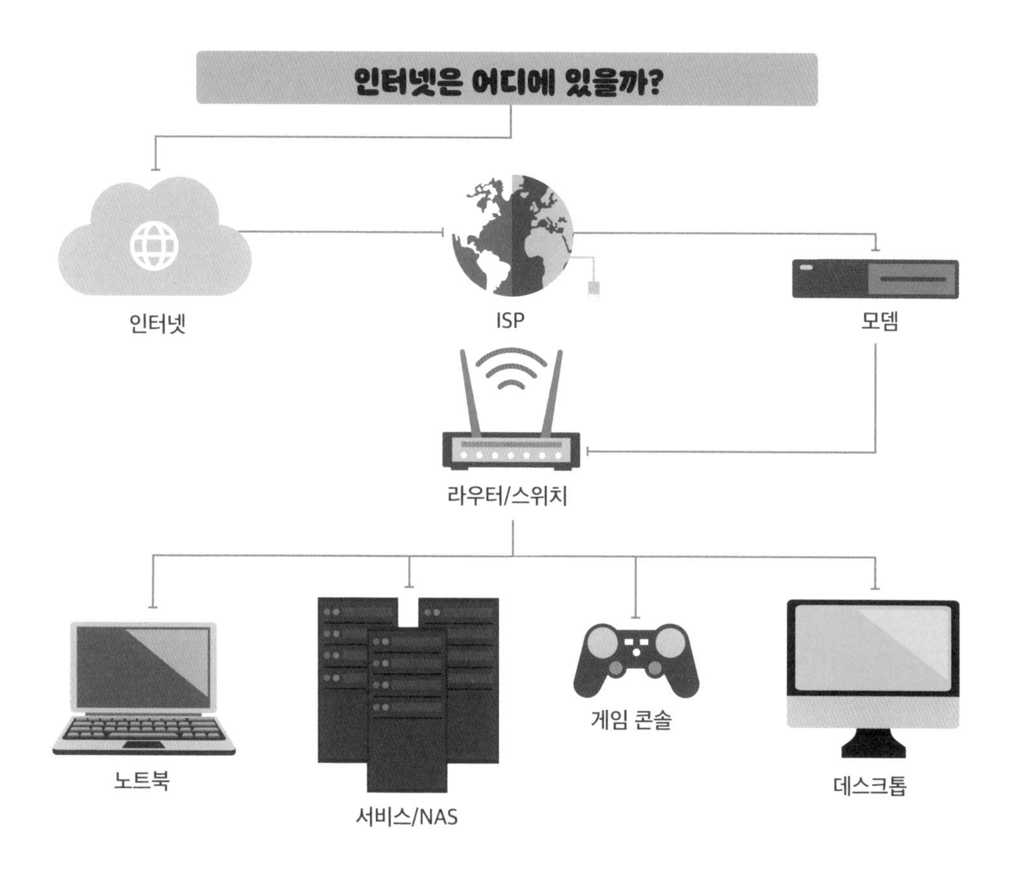

호가 라우터로 이동하고, 라우터는 광섬유 케이블이나 전화선을 통해 인터넷 서비스 공급자에게 신호를 보낸다. 그런 다음 웹 페이지를 보유하고 있는 서버로 신호가 보내지고, 웹 페이지가 다시 신호를 사용자에게 보낸다.

쪽지 시험

1. 최초의 장거리 컴퓨터 네트워크는 무엇이었을까?
2. 팀 버너스 리는 무엇을 발명했을까?
3. 인터넷의 다음 단계는 무엇일까?
4. 서버란 무엇일까?
5. 스마트폰이 인터넷을 빠르게 성장시킨 비결은 무엇일까?

퀴즈

통신

1. 일반적으로 노래의 MP3 파일에는 얼마나 많은 데이터가 포함되어 있을까?
   A. 35메가바이트
   B. 35기가바이트
   C. 350만 바이트
   D. 35억 기가바이트

2. 다음 중 인쇄기의 장점이 아닌 것은 무엇일까?
   A. 손으로 쓰는 것보다 빠르다
   B. 풀컬러 사진을 인쇄할 수 있다
   C. 책을 대량으로 만들 수 있다
   D. 책을 인쇄하는 데 비용이 거의 들지 않는다

3. 아주 오래전 만리장성을 따라 신호를 보낸 방법은 무엇일까?
   A. 전기로 작동하는 전신
   B. 불
   C. 메시지 전달용 비둘기
   D. 큰 목소리

4. 전화기를 발명한 사람은 누구일까?
   A. 마이클 패러데이
   B. 마리 퀴리
   C. 알렉산더 그레이엄 벨
   D. 알레산드로 볼타

5. 전파란 무엇일까?
   A. 저에너지 광파
   B. 고에너지 음파
   C. 고에너지 광파
   D. 저에너지 음파

6. 휴대전화나 컴퓨터의 와이파이 신호는 우선 어디로 향할까?
   A. 라우터
   B. 서버
   C. 전화선 철탑
   D. 위성

7. 정보를 저장하고 전송할 수 있는 두 가지 방법은 무엇일까?
   A. 빠르고 느린 방법
   B. 아날로그 및 디지털
   C. 빛과 소리
   D. 높고 낮은 방법

8. 고트프리트 라이프니츠는 언제 이진 코드를 발명했을까?
   A. 기원전 1200년
   B. 1250년
   C. 1689년
   D. 1947년

9. 1989년 CERN의 팀 버너스 리가 개발한 중요한 통신 혁명은 무엇일까?
   A. 월드 와이드 웹
   B. 전화
   C. 스마트폰
   D. 인터넷

10. 웹사이트를 저장하고 처리하는 기계의 이름은 무엇일까?
   A. 저장 B. 웹 브라우저
   C. 창고 D. 서버

9장

간단 요약

전기가 발명되어 마침내 전신과 전화와 라디오와 텔레비전을 통해 즉각적으로 장거리 통신이 가능하게 되었다. 이후 우리는 컴퓨터와 인터넷의 발전 덕분에 훨씬 더 연결되어 있다.

- 1439년 요하네스 구텐베르크라는 독일의 금속세공인이 인쇄기를 발명하여 책을 저렴한 비용으로 대량 생산할 수 있게 되었다.
- 1876년 알렉산더 그레이엄 벨은 '액체 송화기'라는 장치를 테스트했다. 이 장치는 전도성 유체에 달린 막과 바늘로 이루어졌고 이후 최초의 전화기로 알려지게 되었다.
- 제임스 클러크 맥스웰은 1860년대에 저에너지 전파의 존재를 예측했지만, 독일의 물리학자 하인리히 헤르츠가 1886년에 그 존재를 증명할 때까지는 확인되지 않았다.
- 1689년 고트프리트 라이프니츠는 모든 숫자가 일련의 1과 0, 즉 이진 코드로 표현될 수 있다는 것을 깨달았다. 250년 후 현대의 컴퓨터가 탄생했다.
- 1989년에 팀 버너스 리는 하이퍼링크를 통해 특정 정보가 저장된 페이지에 접근할 수 있다는 아이디어를 제시했다. 그는 이것을 '월드 와이드 웹(WWW)'이라고 불렀다.
- 인터넷의 다음 단계는 냉장고, 자동차, 심박 조율기처럼 일상적인 물건에 사물 인터넷을 연결하는 것이다.

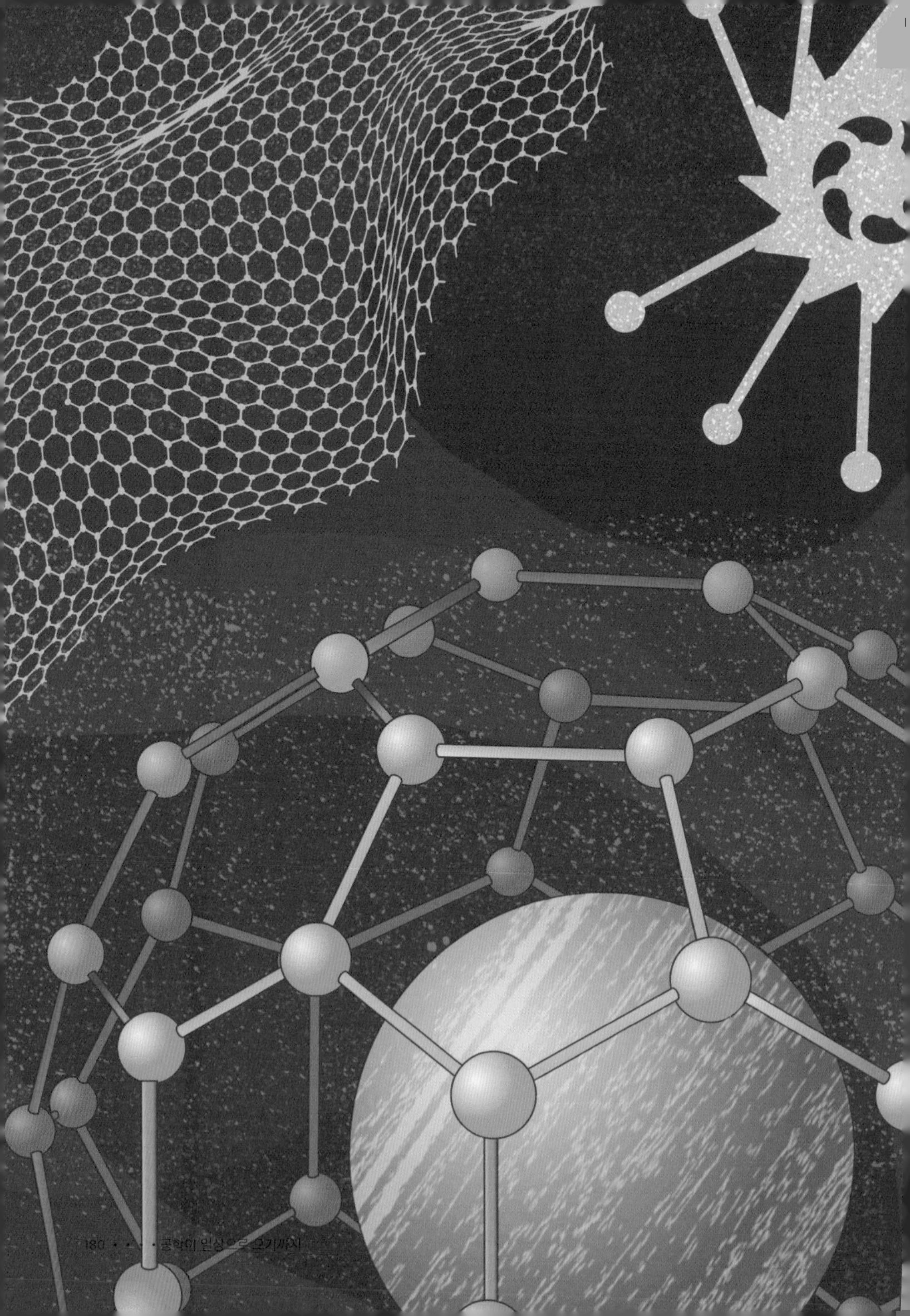

10

미래의 공학

역사는 공학의 경이로운 성공 사례로 가득하다. 우주가 어떻게 작동하는지 더 많이 알게 되었고, 더 튼튼한 재료, 더 강력한 기계, 더 빠른 전자 제품을 만드는 기술을 개발하기 위한 도전이 계속되었고 성공했다. 오늘날 공학 분야에 꿈을 가진 사람들이 미래의 엔지니어가 되어 우리를 지구 밖으로 데려갈 것이다. 어쩌면 우리를 우주로 데려갈 엔지니어가 당신일 지도 모른다!

이번 장에서 배우는 것

- ∨ 별을 향하여
- ∨ 소행성의 공학
- ∨ 아주 작은 물질
- ∨ 새로운 세상 만들기
- ∨ 불가능한 공학적 주제

10.1 별을 향하여

밤에 하늘을 올려다보면 수많은 별에 압도되곤 한다. 하지만 우리가 보는 것은 별의 일부에 불과하다. 우리가 맨눈으로 볼 수 있는 별 중 가장 멀리 있는 별은 1만 6000광년이 조금 넘는 거리에 있다. 우리 은하의 지름은 10만 광년이며, 이는 우주에 있는 수십억 개의 은하 중 하나일 뿐이다!

우주에서 멀리 떨어진 물체에 우리가 할 수 있는 것을 알기 위해서는 공학을 사용해야 한다. 지름이 더 넓은 망원경이나 더 빠른 탐사선, 더 지능적인 로봇은 시작에 불과하다. 미래의 엔지니어들은 오늘날 우리가 거의 꿈도 꿀 수 없는 기술을 개발할 것이다.

토막 상식

우리 태양계를 떠난 유일한 기술은 두 개의 보이저 탐사선이다. 두 대 모두 1977년에 지구를 떠났고 은하의 태양계의 가장자리에 도달하는 데 30년 이상이 걸렸다. 보이저 1호가 가장 가까운 은하에 도달하기 위해 성간 공간을 가로질러 4.3광년을 여행하는데, 여기에는 약 7만 년이 걸릴 것이다.

초고속

우주의 모든 사물이 따라야 하는 다소 불편한 법칙이 하나 있다. 바로 진공에서 질량이 없는 입자의 최대 속도인 초당 299,792,458미터보다 더 빠른 것은 없다는 점이다. 신체의 원자를 구성하는 입자처럼 질량이 있는 모든 것은 그 속도에 근접할 수 없다. 광대한 우주 공간을 비교적 짧은 시간 내에 이동하기 위해서는 모든 기술을 매우 빠르게 가속해야 한다. 이것을 달성할 가능성이 있는 한 가지 방법은 '새총 효과'이다. 새총 효과는 우주선을 행성을 향해 쏴 중력으로 인한 가속도를 얻는 것이다. 우주에 한정된 기술이긴 하지만, 이 기술을 사용하면 어느 때보다 빠르게 우주를여행할 수 있을 것이다.

2016년 나사의 주노 탐사선은 목성의 중력에서 도움을 받아 시속 265,000킬로미터 속도로 운행하며 우주에서의 최고 속도 기록을 깼다. 하지만 2024년에 발사 예정인 파커 태양 탐사선이 태양의 중력으로 가속할 때는 그것과 비교할 수 없을 만큼 빠를 것이다. 탐사선이 태양의 600만 킬로미터 궤도에 이르면 시속 700,000킬로미터에 달성할 것이다. 하지만 태양계를 떠나고 싶다면 별이나 행성 주변의 중력으로는 충분하지 않으며 더 나은 것이 필요하다. 따라서 나사는 더 빠른 속도로 물체를 움직일 수 있는 다양한 종류의 엔진을 연구하고 있다.

작동할 수 없는 엔진

우주 항해 기술은 금속 용기에서 나오는 가스를 분사하거나 이온 드라이브에서 나오는 하전 입자와 같은 일종의 추력에 의존한다. 만약 전자기파 추진기(EM 드라이브)라고 불리는 추진 시스템을 작동시킬 수 있다면 전파의 추진력을 사용해 탐사선을 빛의 속도로 가속할 수 있을 것이다. 아직 그 한계에 도달할 만큼 충분한 에너지는 없지만, 이론적으로는 다른 추력 기반 엔진들의 속도를 능가할 수 있다.

이 기계의 엔진은 전류에서 전자기장을 생성하는 전자 부품이 있는 금속 원뿔이다. 이 전자기장이 주변 구조에 전달되면 추력이 생성된다. 나사의 엔지니어들은 프로토타입을 만들고 테스트했으며, 이러한 장치가 1000분의 1뉴턴 미만의 힘을 생성할 수 있다고 결론 지었다. 손에 들고 있는 사과를 아래쪽으로 당기는 힘이 약 1뉴턴이므로 큰 힘은 아니다. 하지만 이것은 놀라운 결과였으며 작은 물체를 천천히 가속하여 종국에는 엄청난 속도를 얻을 수 있다는 의미이다. 하지만 한 가지 문제가 있다. 현재 우리가 알고 있는 물리 법칙에 따르면 이런 엔진은 작동할 수 없다. 뉴턴의 제3 법칙에 따르면 추진력이 있으려면 그에 반대로 작용하는 힘이 있어야 한다. 이 엔진에 반대 작용이 일어나는지는 명확하지 않다.

측정된 추진력이 행성 자기장의 영향처럼 다른 원인에 의해 발생했을 가능성도 있다. 또는 측정에 문제가 있을 수도 있다. 그리고 어쩌면 제대로 작동할지도 모른다! 미래의 엔지니어들은 이 문제로 계속 토론하게 될 것이다.

하늘로 향하는 엘리베이터

행성 표면에서 벗어나는 것은 어려운 일이다. 중력을 거슬러 올라가야 하는데, 그러기 위해 사용하는 연료 때문에 로켓이 무거워지기 때문이다. 그러므로 인류가 지구를 벗어날 수 있다는 것은 놀라운 일이다.

1895년 러시아의 로켓 과학자 콘스탄틴 치올콥스키는 에펠탑을 보고 대기권 너머에 사람과 화물을 실을 수 있을 정도로 높은 건물을 지을 수 있는지 궁금증을 가졌다. 그 이후 공상과학 작가와 과학자들은 우주로 추진해 올라가는 것이 아니라 등반하는 방법을 상상해 왔다. 만약 이런 "우주 엘리베이터"가 건설된다면 로켓 추진 엔진보다 훨씬 저렴한 비용으로 물체를 지구 너머로 보낼 수 있을 것이다.

이 기술은 행성의 회전에 의한 원심력을 사용하기 위해 건축물을 적도 근처에 고정하고, 반대편에는 균형추가 달린 긴 사슬을 유지한다. 이 건축물은 정지 궤도(표면 위 약 36,000킬로미터) 위에 대부분의 질량이 위치하게 디자인되어 있는데, 이 궤도 위의 질량은 중력에 의해 당겨지는 것이 아니라 멀리 밀려난다.

안타깝게도 이런 거대한 구조의 힘을 안정적으로 받아낼 재료가 아직 없으므로 충분히 안전한 재질을 찾기 전까지 우주 엘리베이터는 공상과학 소설의 주제로 남을 것이다.

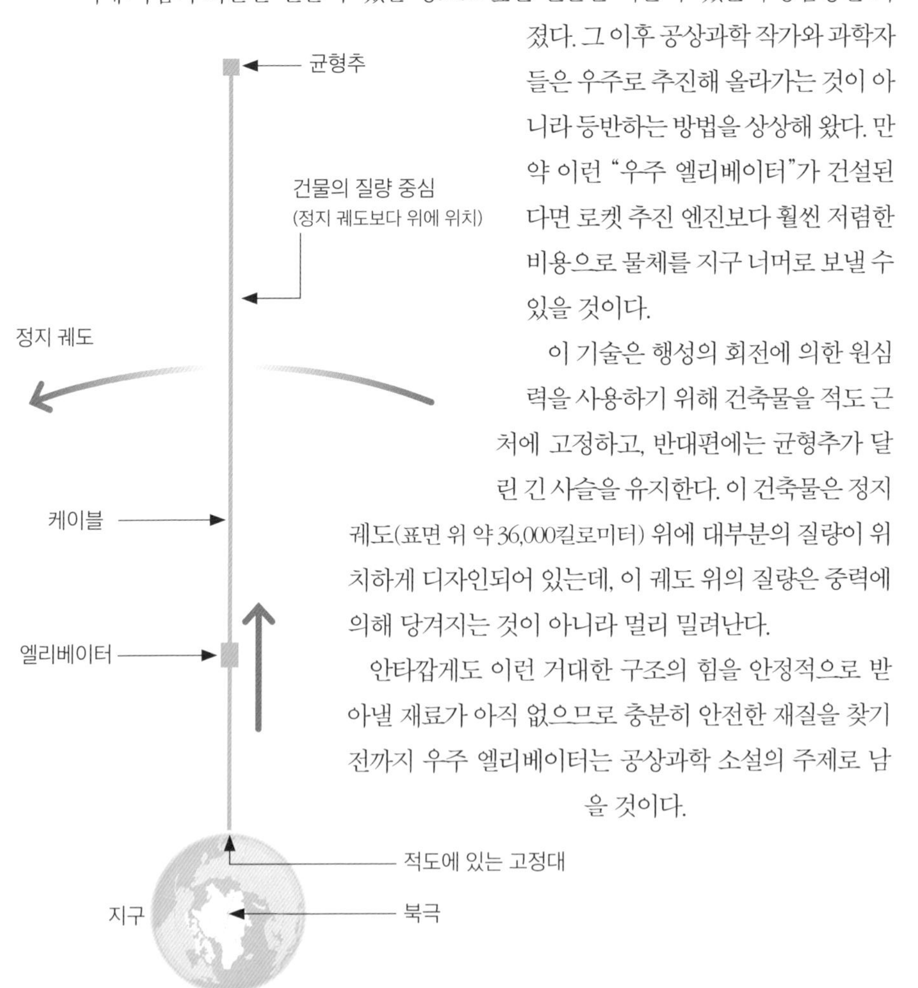

단숨에 알아보기

파커 태양 탐사선

파커 태양 탐사선의 첫 임무는 천문학자들이 '코로나'라고 부르는 태양의 외층이 태양 깊은 곳보다 뜨거운 이유를 이해하기 위해 태양을 관찰 및 측정하는 것이다. 이 탐사선은 태양 표면에서 600만 킬로미터 거리까지 접근할 예정이다. 엔지니어들은 탐사선을 1,300℃ 이상의 온도에서 보호하기 위해 탄소로 만든 특수 열 차폐물을 사용해 탐사선의 회로가 30℃로 비교적 시원하게 유지되도록 했다.

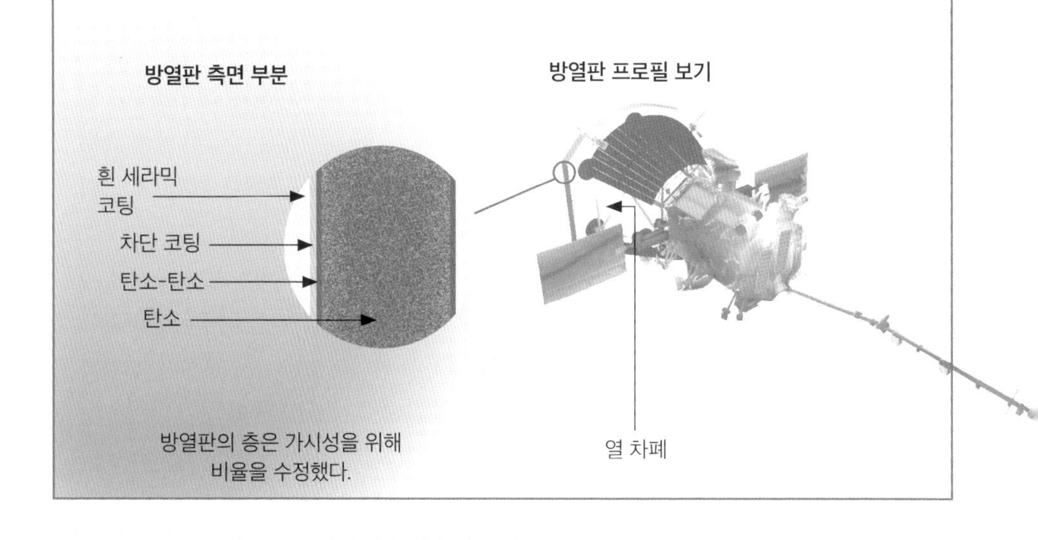

쪽지 시험

1. 우주에서 어떤 물체가 이동할 수 있는 최대 속도는 얼마일까?
2. 나사의 파커 태양 탐사선은 최고 우주 항해 속도 기록을 깨뜨릴 것으로 예측된다. 이 탐사선은 태양 주위를 얼마나 빠르게 이동할까?
3. EM 드라이브의 이론적 문제점은 무엇일까?
4. 러시아 로켓 과학자 콘스탄틴 치올콥스키는 무엇에서 우주 엘리베이터에 대한 영감을 얻었을까?
5. 보이저 1호가 현재 기술의 속도로 지구에서 가장 가까운 별을 향해 가는 데에는 시간이 얼마나 걸릴까?

10.2 소행성과 공학

태양계가 생성된 후 남은 무수한 광물 덩어리들이 화성과 목성 사이를 떠다니고 있다. 이 궤도에 광물이 얼마나 있는지 정확히 아는 것은 불가능하다. 100미터가 넘는 것들만 계산하더라도 최소 1억 5천만 개이다.

소행성에는 세 가지 유형이 있다. 그중 약 75퍼센트를 차지하는 '콘드라이트' 또는 'C형'은 규산염을 뿌린 점토 같은 것으로 이루어졌다. 20퍼센트 미만은 규산염, 니켈, 철이 혼합된 돌로 만들어진 'S형 소행성'이다. 마지막은 니켈과 철이 풍부한 금속성 'M형'이며, 몇 가지 다른 금속도 첨가되어 있다. 이 소행성은 상당한 양의 금속 자원을 가지고 있다. 가장 큰 소행성 중 하나인 프시케는 폭이 225킬로미터에 달하고, 철과 니켈을 많이 포함하고 있을 것으로 추정된다.

지구의 자원이 빠르게 소모되자 소행성에 착륙선을 보내는 것에 대한 관심이 커지고 있다. 엔지니어들은 채광 작업을 지원할 궤도 기지를 건설해야 한다. 로봇 착륙선은 M형 소행성에 정착하여 광석을 파낸 뒤 궤도 정거장으로 다시 보낸다. 심지어는 착륙선에 쓰이는 운송용 연료도 소행성의 원료에서 생성할 수 있다.

대격변 충돌

나사는 우주를 살피면서 지구에 너무 가까워지면 심각한 피해를 줄 수 있는 잠재적으로 위험한 소행성들을 주시하고 있다. 지금까지 이런 개체 중 2,000개 미만이 모니터링되고 있다. 그런 킬러 소행성이 발견되면 우리는 무엇을 할 수 있을까?

엔지니어들은 소행성이 위험한 경로에서 벗어나게 하기 위해 대책을 세우고 있으며 여기에는 탐사선을 보내는 것이 포함되어 있다. 핵폭탄을 사용해 소행성의 방향을 틀 수도 있다. 또는 하나의 큰 소행성을 부숴 작은 조각으로 만들 수도 있다.

우주 암석 안에서 거주하기

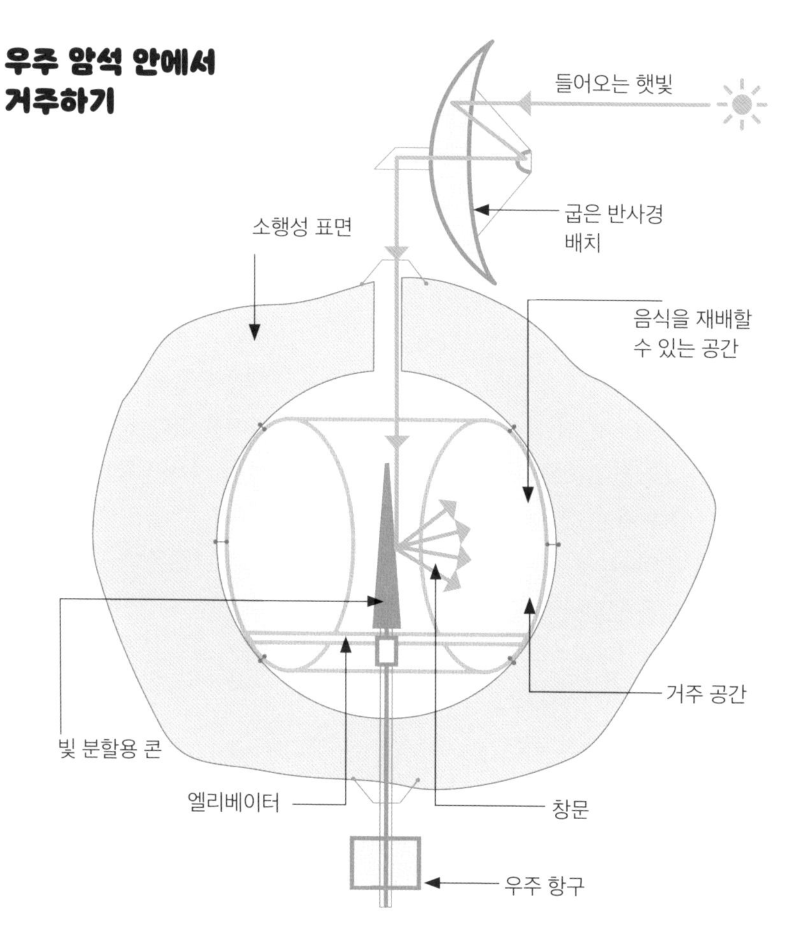

오스트리아의 건축가이자 엔지니어인 베르너 그랜들Werner Grandl은 우주를 개척할 혁신적인 방법을 연구 중이다. 그의 아이디어 중 하나는 소행성을 거주할 수 있는 장소로 만드는 것이다. 소행성 표면은 공기가 없고 방사선으로 뒤덮인 껍질에 불과하지만, 그 내부를 바꿔 활용할 수 있다.

우선 소행성 내부에 큰 공간을 만들고 밀봉해야 한다. 또한 소행성 표면에 거울을 두어 햇빛이 내부의 창문으로 비추게 할 수도 있다. 소행성을 적절히 회전시키면 지구의 중력과 비슷한 양의 원심력을 생성할 수도 있을 것이다.

쪽지 시험

1. 화성과 목성 사이에 100미터가 넘는 소행성이 최소 몇 개 있는 것으로 추정될까?
2. 소행성의 세 가지 종류는 무엇일까?
3. 소행성 프시케가 특별한 이유는 무엇일까?

10.3 더 작은 것들

눈으로 볼 수 있는 물질 중 가장 작은 것은 무엇일까? 시력이 뛰어난 사람은 지름이 1/10밀리미터에 불과한 작은 물체를 볼 수 있다고 한다. 하지만 나노 기술은 100나노미터 미만 입자로 만들어진 공학적 재료를 다룬다.

어떤 재료들은 원자보다는 크지만, 고유한 특성을 겨우 가질 수 있을 정도로 작다. 예를 들어 금을 살펴보자. 잘 알다시피 금 조각은 옅은 노란색을 띤다. 하지만 나노미터 단위의 금 조각을 용액에 혼합하면 다른 방식으로 빛을 반사해서 붉은색 또는 보라색으로 보인다. 나노 기술은 오랫동안 존재해 왔지만, 엔지니어들은 재료의 크기를 줄이면서 나타나는 특성에 대해 연구하고 있다. 물질을 작게 만들면 전체 표면적이 증가해 더 많은 면적이 주변 환경에 노출된다. 서로 결합하는 방식이나 방사선을 흡수하는 방식이 달라지기도 한다. 이제 유망한 나노 기술 사례를 살펴보자.

자가 치유 기능을 가진 나노 구조

금속에 미세한 균열이 생기면 시간이 지나면서 점점 큰 문제가 되어 치명적인 고장의 원인이 될 수 있다. 일부 재료는 나노 단위에서 빛을 받아 작용하는 방식을 사용해 새로운 결합을 만들어내거나 균열을 고치는 데 사용될 수 있다.

올바른 위치에 약품 보내기

약물을 복용하면 약물이 신체 조직으로 퍼져나간다. 만약 약물이 특정한 조직에만 필요한 것이었다면 이 방식으로는 약물을 낭비하는 것이고, 불필요한 약물을 복용한 만큼 부작용의 위험 또한 올라간다. 나노 입자를 사용하면 약물을 필요한 곳으로 직접 보낼 수 있다. 엔지니어들은 원하는 곳으로 이동해서 원하는 시점에 내용물을 방출하는 작은 나노 캡슐에 관해 연구하고 있다.

물건을 깨끗하게 유지하기

토막 상식 2016년 노벨 화학상은 장피에르 소바주Jean-Pierre Sauvage, 프레이저 스토더트Fraser Stoddart, 베르나르트 페링하Ben Feringa에게 수여되었다. 이들은 레고 블록처럼 작동하는 세계에서 가장 작은 분자 기계를 설계하고 제작했다.

항공을 포함한 특정한 분야에서는 얼음이 얼거나 표면이 더러우면 치명적인 문제가 발생할 수 있다. 때문에 다른 물질을 밀어내는 특수한 구조의 나노 물질이 코팅으로 사용된다. 특수 "친유성(올레포빅)" 재료는 기름이 묻는 것을 차단해 부품을 매끄럽게 만드는 데 사용되고 있다. 잠재적으로 위험한 박테리아를 파괴하기 위한 나노 입자 또한 개발되었다. 많은 박테리아들이 항생제에 내성을 갖게 되면서 박테리아 감염을 퇴치하기 위한 새로운 방법을 필요로 하게 되었다. 나노 기술은 박테리아를 훨씬 더 쉽게 억제할 재료를 만드는 데 큰 역할을 할 것이다.

쪽지 시험

1. 나노 입자는 얼마나 작을까?
2. 금 나노 입자의 용액은 무슨 색일까?
3. 나노 기술은 의학 분야에서 어떻게 사용될까?
4. 친유성 재료란 무엇일까?

단숨에 알아보기

탄소 나노 소재

탄소는 다양한 형태를 취할 수 있는 원소로 나노 공학에 완벽하게 적합하다. 점처럼 보이는 탄소 양자들은 보호 코팅이 된 나노 입자이다.

카본 점

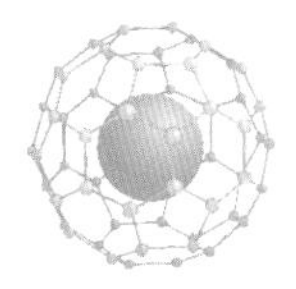

풀러렌

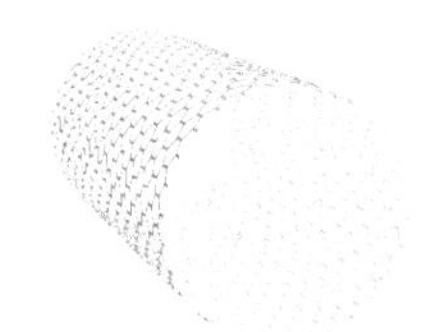

탄소 나노 튜브

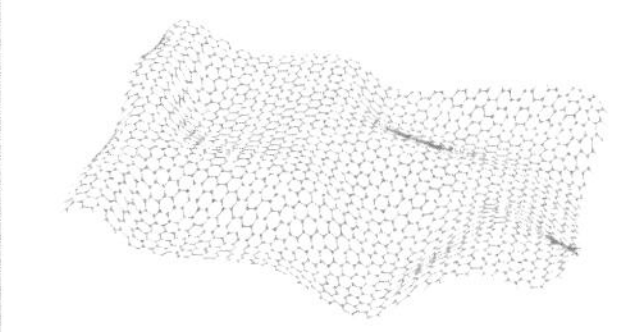

그래핀

그래핀 시트는 놀라운 전기적 및 구조적 특성을 가지며 나노 튜브나 다른 견고한 구조물을 만들 수 있다.

10.4 새로운 세상 만들기

엔지니어가 설계하고 생산하는 것 중 일부는 안전에 매우 주의해야 하는 제품이다. 고장이나 오작동이 발생하면 심각한 부상을 입거나 사망에 이를 수도 있다. 이러한 물건은 매우 신중하게 설계되어야 하며 무언가가 잘못 작동했을 때 큰 사고가 발생하지 않도록 조치를 취해야 한다. 이러한 제품은 항공기 또는 의료 장비 부품일 수도 있다. 지구 또는 우주에서는 사고를 막으려면 어떻게 해야 할까?

공학은 대기를 바꾸고 에너지를 더하고 지질을 재형성하여 척박한 행성을 새로운 지구로 바꿀 잠재력을 가지고 있다. 어쩌면 행성을 만드는 것이 가능해질지도 모른다. 드넓은 하늘과 우주조차 공학의 발전을 한계 짓지 못한다.

화성 재설계

지구상 가장 가혹한 환경을 갖춘 장소들의 특징을 모두 더하더라도 화성과는 비교되지 않는다. 화성의 대기는 지구에서 가장 높은 산의 공기보다 희박하며, 화성 토양의 독성은 지구에서 가장 염도가 높은 평야의 그것보다 더 강하다. 또한 화성의 수분은 지구상 가장 건조한 사막보다도 적다. 이렇게 화성의 환경은 천국과는 동떨어져 있다. 하지만 이런 가혹한 조건 중 많 은 부분이 '테라포밍'이라고 불리는 미래 공학의 결과로 바뀔 수 있다. 우리가 과거 지구의 모습을 알지 못했다면 이것이 불가능한 일이라고 생각했을 것이다. 또한 오늘날 인류는 불과 2세기 만에 대기에 많은 양의 이산화탄소를 방출해 지구 기후에 영향을 미쳤다.

화성의 환경을 인간이 거주할 수 있도록 바꾸려면 세 가지를 달성해야 한다. 이는 대기층을 두껍게 하고, 열을 더하고, 방사선으로부터 표면을 지

토막 상식

수십억 년 전, 우리의 행성 지구는 암석과 먼지덩어리로 형성되어있다. 이때 대부분의 중금속이 핵으로 가라앉았고, 지각의 암석에는 귀중한 광물들이 남아 있게 되었다. 오늘날 발견되는 철과 니켈은 소행성이 지구에 떨어지면서 그 자리에 위치하게 되었을지도 모른다.

키는 것이다. 이러한 작업 중 어느 것도 쉽지 않으며 아직 발명되지 않은 기술을 필요로 하기도 한다. 이제 이 목표를 달성하는 데 가능성을 더하는 이론들을 살펴보자.

행성을 어둡게 만들기

화성은 태양으로부터 멀리 떨어져 있어 일조량이 지구의 3분의 2 수준에 그친다. 또한 '알베도'라고 불리는 특성 때문에 많은 빛이 다시 우주로 반사되므로 햇빛이 행성 온도를 높이는 데 크게 도움되지 않는다. 화성은 태양계에서 가장 어두운 행성 중 하나로 햇빛의 약 70퍼센트를 열로 전환하지만, 화성을 덮고 있는 하얀 얼음 조각과 밝은 주황색 암석과 먼지가 빛을 우주로 반사하고 있다. 화성을 더 어둡게 만들고 알베도 현상을 줄이면 열을 조금 더 생성할 수 있을 것이다. 예를 들어 화성 위성의 먼지는 얼음을 이산화탄소로 녹이고 액체 상태의 물을 방출하는 식으로 행성을 덮을 수 있다.

이밖에도 엔지니어들은 화성 주위를 도는 거대한 돛을 만들어 우주 거울로 활용하

작은 시작

지구 밖 생활은 쉽지 않을 것이다. 우선 방사선으로부터 생명을 보호하고 따뜻한 대기를 제공하기 위한 보호 쉘이 필요할 것이다. 그렇지만 시간이 지나면서 전체 행성이 사람이 살 수 있을 만큼 테라포밍될 수 있을지도 모른다.

는 계획을 고안하고 있다. 이런 "합성 항성"들이 빛을 직각으로 반사하면 표면에 더 많은 빛을 반사하여 온도를 높일 수 있다.

가스 유입

화성에 아무리 많은 에너지를 더해도 열이 우주로 빠져나가기 때문에 온도가 오르지않는다. 지구의 대기는 약 100킬로파스칼(kPa)의 압력을 가지고 있다. 압력이 6킬로파스칼 아래로 떨어지면 피부와 폐에 있는 액체가 빠르게 끓는데, 화성 대기의 압력은 1킬로파스칼에 불과하다.

가스를 더 추가하면 이것이 담요처럼 작용해 행성을 따뜻하게 유지하는 데 도움을 주며 인간이 압력복을 입을 필요도 적어진다. 수증기나 이산화탄소 같은 가스를 추가하려면 혜성이나 소행성을 화성으로 향하게 해 소행성의 대기를 화성이 빨아들여야 한다. 또한 화성 표면의 눈을 녹이면 가스가 방출된다. 대기층이 두꺼워지면 지구처럼 온실 효과를 만들어 더 많은 열을 가둘 수 있다. 염화불화탄소 같은 다른 첨가제는 지구에서는 오염물질이지만 화성에 보내면 얼어붙은 행성을 따뜻하게 하는 대기 담요로 활용할 수 있다.

토막 상식

다른 행성을 테라포밍하는 데 사용하는 기술은 온실가스로 망가진 지구에도 도움이 될 수 있다. 대기에 반사 입자를 추가하거나 유기체가 바다에서 이산화탄소를 흡수하도록 도우면 지구 온도를 낮추는 데 도움이 된다. 인류가 집이라고 부를 수 있는 행성은 지구 단 하나이기 때문에 어떤 사람들은 이러한 프로젝트는 되돌릴 수 없는 결과를 초래하므로 너무 위험하다고 경고한다.

빨간색 행성을 초록색 행성으로

생명은 우리 행성의 화학적 성질을 변화시키는 놀라운 능력을 갖추고 있으며 화성에서도 똑같이 작용할 수 있다. 지구의 극한 조건을 견딜 수 있는 적절한 유기체를 선택하거나 유전적으로 특수한 생명체를 생성함으로써 대기를 두껍게 하고 독소를 분해하는 산소를 방출하는 것이 가능할 수도 있다. 심지어 그런 유기체들이 화성 표면의 알베도를 감소시킬 수도 있다. 생태계가 단계적으로 진화하는 것처럼 시간이 지남에 따라 새로운 유기체가 추

단숨에 알아보기

다이슨 구

가장 큰 공학 아이디어 중 하나인 다이슨 구에는 행성을 거주할 수 있도록 재설계하는 것은 포함되지 않는다. 물리학자 프리먼 다이슨Freeman Dyson이 1960년 과학 논문에서 처음 개념을 제시했기 때문에 그의 이름을 딴 이 거대한 구조물은 항성의 빛을 대부분 흡수한 뒤 문명이 사용할 수 있는 다른 형태의 에너지로 변환하는 일종의 태양전지이다.

외계인 엔지니어가 그런 기술을 만들었다면 많은 적외선 열을 관찰할 수 있었을 것이다.

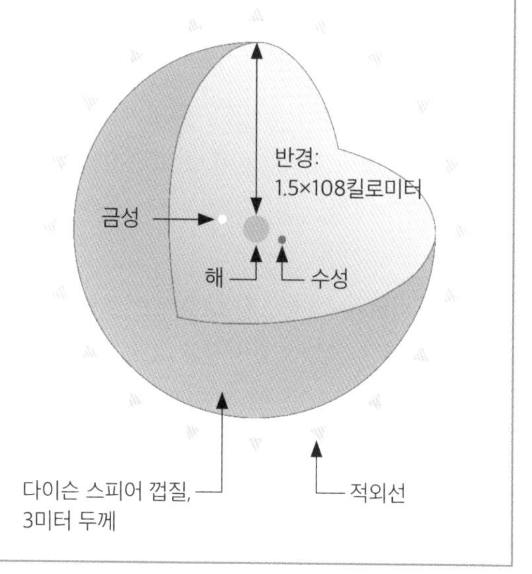

가되어 이런 과정이 지속될 수 있다. 박테리아나 해조류나 곰팡이는 화성을 변화시켜 적응력이 좋은 동식물이 살 수 있는 곳으로 만들 것이다.

쪽지 시험

1. 화성을 테라포밍하기 위해 해결해야 할 세 가지 문제는 무엇일까?
2. "알베도"란 무엇일까?
3. 화성의 기압은 피부의 액체에 어떤 영향을 미칠까?
4. 화성 대기에 가스를 추가하면 어떻게 화성 대기를 따뜻하게 유지할 수 있을까?
5. 다이슨 구는 무엇일까?

10.5 불가능한 공학적 주제

구름보다 높은 고층 빌딩, 주머니에 넣고 다니는 컴퓨터, 우주선을 보면 인류가 불가능한 것을 달성한 것처럼 보인다. 미래에도 엔지니어들은 계속 도전하고 노력하겠지만, 우리가 알고 있는 물리 법칙상 현재로서는 달성 불가능한 것들도 존재한다.

물리학자 스티븐 호킹Stephen Hawking이 2009년에 파티를 열었는데 아무도 오지 않았다고 한다. 의아한 일이지만 그가 파티가 끝난 뒤에 초대장을 보냈다는 사실을 알면 이해가 갈 것이다. 만약 미래에 타임머신이 개발되었다면 누군가가 그의 파티에 찾아왔을 텐데 아무도 오지 않았으므로 시간 여행은 불가능함을 나타내는 재미있는 실험이었다. 알버트 아인슈타인Albert Einstein의 일반 상대성 이론에 따르면 일종의 시간 굽힘이 존재한다. 그의 모델은 시간과 공간의 측정치가 모든 곳에서 같지 않다는 것을 나타낸다. 이 측정치들은 중력과 속도의 변화 등에 따라 달라진다. 만약 당신이 집에서 빛의 속도로 달리기 시작해 1년 뒤에 돌아온다면 집에 있던 가족들은 1년보다 훨씬 더 오랜 시간 당신을 기다리고 있었을 것이다. 빠르게 여행하는 것은 미래로 시간 여행을 하는 것과 같다. 빛의 속도에 가까울수록 당신이 겪는 시간은 가족들의 시간보다 느려질 것이다.

빛보다 빠른 것?

당신이 광자처럼 빠르다면 당신의 한순간이 다른 이들에게는 영원한 것처럼 보일 수 있다. 하지만 물리학자들은 이미 한 세기 전에 정보를 광속보다 더 빠르게 보낼 수 없다는 것을 깨달았다. 질량이 증가할수록 속도가 느려진다. 속도를 높이려면 더 많은 에너지가 필요하다. $E=mc^2$ 법칙에 따르면 에너지를 더하면 질량이 늘어나고, 질량이 늘어났기 때문에 가속하기 위해 더 큰 에너지가 필요하고, 질량이 늘어나고……, 그렇게 계속 반복될 것이다! 우주에는 우주선을 움직일 충분한 에너지가 존재하지 않는다. 하지만 일부 물리학자들은 일반 상대성 이론에 따라 공간을 구부려 광속으로 항해할 수 있는지를 연구하고 있다.

무한동력 기계

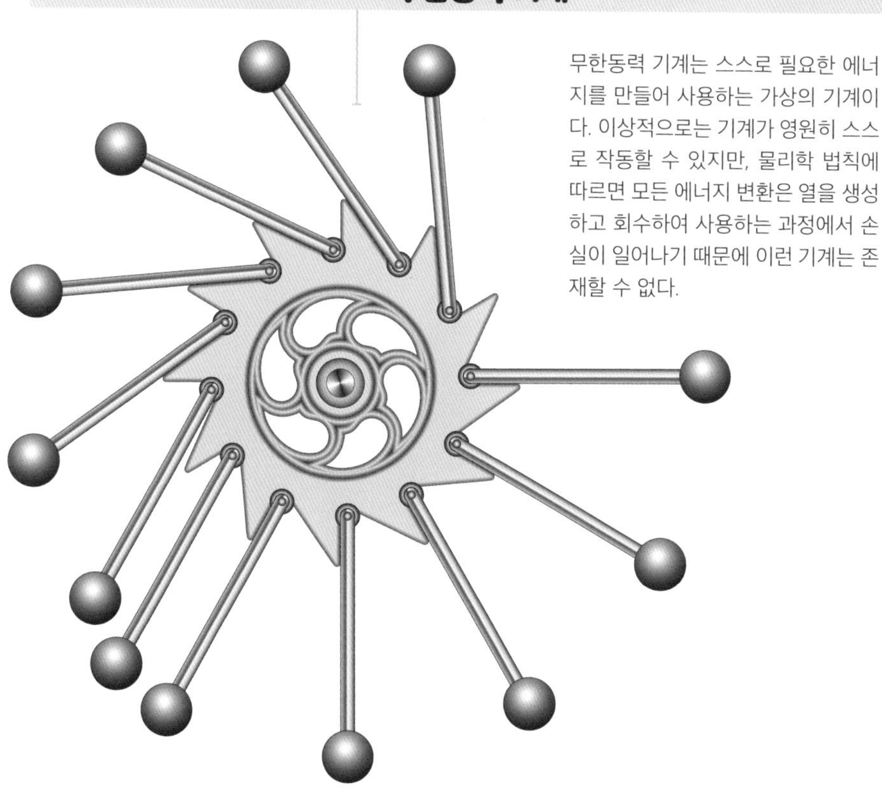

무한동력 기계는 스스로 필요한 에너지를 만들어 사용하는 가상의 기계이다. 이상적으로는 기계가 영원히 스스로 작동할 수 있지만, 물리학 법칙에 따르면 모든 에너지 변환은 열을 생성하고 회수하여 사용하는 과정에서 손실이 일어나기 때문에 이런 기계는 존재할 수 없다.

쪽지 시험

1. 왜 아무도 2009년 스티븐 호킹의 파티에 오지 않았을까?
2. 빛의 속도에 가까운 속도로 지구를 떠나 1년 뒤에 다시 돌아온다면 지구에서는 시간이 얼마나 흘렀을까?
3. 물체를 더 빠르게 움직이기 위해서는 에너지를 공급해야 한다. $E=mc^2$ 법칙을 볼 때 이 에너지는 어디에 사용되는 것일까?
4. 무한동력 기계가 영원히 작동할 수 없는 이유는 무엇일까?

퀴즈

미래의 공학

1. 빛이 은하수의 한쪽에서 다른 쪽으로 가로지르는 데 얼마나 걸릴까?

A. 약 10만 년
B. 약 1000년
C. 약 100년
D. 빛은 순간적으로 움직이기 때문에 시간이 전혀 걸리지 않는다

2. 우주선이 새총 효과를 이용한다면 어떻게 가속할 수 있을까?

A. 거대한 새총의 고무줄을 사용해 우주선을 우주로 발사한다
B. 우주선이 자전하는 달 또는 행성을 향해 떨어지면서 중력을 받아 가속한다
C. 우주선이 거대한 돛을 통해 햇빛을 받아 가속한다
D. 새총 효과 같은 것은 존재하지 않는다

3. 이론적으로 우주 엘리베이터가 떨어지지 않게 하는 원인은 무엇일까?

A. 원심력의 관성
B. 매우 강한 탄소 섬유
C. 플라잉 버트레스
D. 로켓

4. 파커 태양 탐사선의 임무는 무엇일까?

A. 태양의 표면에 닿는 것
B. 태양의 한가운데로 날아가는 것
C. 태양의 어두운 면을 촬영하는 것
D. 태양의 코로나를 직접 측정하는 것

5. C형 소행성이란 무엇일까?

A. 분필로 만든 소행성
B. 혜성
C. 점토와 같은 물질과 규산염으로 만들어진 소행성
D. 다른 행성이나 달의 조각

6. 지각의 중금속은 어디에서 왔을까?

A. 다른 행성과 충돌하면서
B. 지구에 떨어진 소행성에서
C. 태양의 방사선에서
D. 다른 태양계의 혜성에서

7. 나노 기술이란 무엇일까?

A. 크기가 1나노미터 미만인 입자로 구성된 재료 공학
B. 100나노미터 이상의 입자로 이루어진 물질의 공학
C. 크기가 100나노미터 미만인 입자로 구성된 재료 공학
D. 육안으로 볼 수 없는 입자로 이루어진 물질의 공학

10장

간단 요약

우주의 법칙을 더 많이 알게 될수록 더 견고한 재료와 더 강한 기계와 더 빠른 전자 제품을 만들기 위한 어려움을 계속 극복해 나갈 것이다.

- 우주의 모든 사물이 따라야 하는 다소 불편한 법칙이 하나 있다. 바로 진공에서 질량이 없는 입자의 최대 속도인 초당 299,792,458미터 보다 더 빠른 것은 없다는 사실이다.
- 나사의 파커 태양 탐사선의 첫 임무는 천문학자들이 코로나라고 부르는 태양의 외부 표면이 태양 깊은 곳보다 뜨거운 이유를 이해하기 위해 태양을 "측정하는" 것이다.
- 태양계가 생성된 후 남은 무수한 광물 덩어리들이 화성과 목성 사이의 광대한 틈을 떠다니고 있다. 소행성에는 세 가지 유형이 있다; 콘드라이트로 이루어진 C형, 돌로 이루어진 S형, 그리고 M형.
- 나노 기술은 1000분의 1밀리미터인 100나노미터 미만의 입자로 만들어진 공학적 재료들을 다룬다.
- 화성에 사람이 거주하기 위해서는 지구의 가장 높은 산보다 희박한 대기, 가장 염도가 높은 평야보다 독성이 강한 토양, 그리고 가장 건조한 사막보다 더 적은 물의 문제를 해결해야 한다.
- 테라포밍은 화성의 조건을 인간 거주에 맞게 변경할 수 있다. 테라포밍은 대기를 두껍게 하고, 열을 더하고, 표면의 해로운 수준의 방사선으로부터 사람을 보호하는 것이 포함된다.
- 어떤 이들은 미래에도 여전히 도전적으로 노력할 것이지만, 우리가 알고 있는 물리 법칙에 따르면 불가능한 것들도 존재한다.

기술 연대표

인류가 지구에 살며 이룬 가장 중요한 기술 발전은 석기와 불, 배였다. 인류가 사는 방식이 바뀐 중요한 첫 시점은 12000년 전 중동의 일부 사람들이 농사를 시작했을 때였다. 더 많은 사람이 농사를 지으며 한 땅에 정착하게 되자 더 많은 도구, 소유물, 영구적인 거주지가 필요하게 되었으며, 점점 더 큰 공동체를 형성하기 시작했다.

큰 영향을 미친 발명품

어떤 발명은 우리의 삶을 탈바꿈했다. 이러한 발명품들은 우리의 생활 방식을 바꾸고 여러 새로운 기술들을 가능하게 함으로써 사회에 큰 변화를 가져왔다. 또한 오늘날에도 계속 영향을 미치고 있다.

바퀴

도자기 물레는 기원전 5200년경 중동에서 처음 등장했다. 약 1500년 후 누군가가 바퀴에 쟁기를 올려 쉽게 밭을 갈 수 있도록 하는 기발한 아이디어를 냈고, 이는 계속 이어져 오늘날의 차량 대부분도 이 방식을 사용한다. 바퀴는 이동수단으로써만 유용한 것이 아니라 물레바퀴, 플라이휠, 도르래, 톱니, 레코드플레이어 등에도 사용된다.

강철 용광로

자동차에서 날붙이에 이르기까지 대부분의 금속 물체는 강철로 만들어진다. 강철은 철에 약간의 탄소를 혼합해 강도를 높인 것으로 청동보다 저렴하면서 더 강하다. 이는 기원전 1800년 터키에 첫 용광로가 등장한 후 이후 계속 사용되어 왔다. 지금도 연간 14억 톤이 생산되고 있으며, 건설 분야에 중점적으로 사용된다.

총기

총은 역사상 많은 끔찍한 일들에 책임이 있지만, 인류를 정의하는 데 막대한 영향을 미쳤다. 13세기 중국에서 처음 발명된 이후 숫자가 많고 강한 군대를 먼 거리에서 죽일 수 있는 총이 등장하면서 소수의 국가가 지구의 광대한 지역을 식민지화하고 많은 불평등과 갈등을 일으켰다. 하지만 총은 오늘날 전 세계에서 발견된다.

인쇄기

글을 저렴하고 빠르게 복사하는 기술은 세상이 발전하는 속도에 큰 영향을 미쳤다. 1439년 인쇄기가 발명된 이후, 새로운 지식이 전파되기 시작했고, 덕분에 1600년대 초반 이후 변화가 엄청나게 가속되었다. 오늘날에는 전자책을 많이 읽지만, 여전히 책과 신문이 우리 주변에 있다.

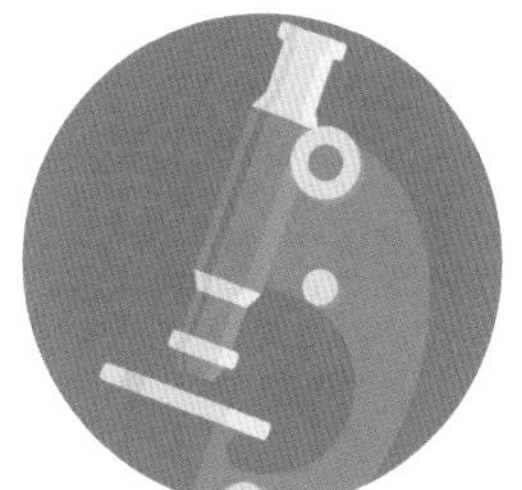

현미경

현미경은 세포와 미생물을 볼 수 있게 하는 도구로, 많은 질병의 원인을 이해하도록 도왔다. 이로 인해 의학이 발전되어 지난 100년 동안 인간의 평균 수명이 두 배로 증가했다.

볼타 전지

배터리는 1800년 이후로 많이 바뀌었지만, 항상 유용하게 사용됐다. 볼타 전지는 최초로 믿을만한 원리로 전류를 생성하는 방법이었고, 많은 실험을 가능하게 했다. 배터리의 성능이 향상되면서 자동차에 동력을 공급할 수 있게 되었고, 이후에도 풍력 및 태양열 발전에서 에너지를 저장하여 화석 연료를 제거하는 데 도움이 될 것이다.

사진

1830년대에 개발된 사진술은 우리가 보는 것을 나중에도 볼 수 있도록 정확하게 기록하는 최초의 발명품이었다. 이후 오랜 시간 동안 사진은 전문가와 애호가들의 영역이었지만, 스마트폰이 개발되면서 많은 사람들이 어디서든 카메라를 휴대하게 되었고, 사진은 우리가 온라인에서 의사소통하는 일상적인 방법이 되었다.

트랜지스터

스마트폰 내부에는 약 5,000억 개의 트랜지스터가 있다. 지구상의 거의 모든 전기 장비에 트랜지스터가 사용되며, 이는 발명된 지 70년이 지난 지금에는 역사상 가장 많이 생산된 제품이 되었다.

기원전 1만 년~서기 1500년

1만 2000년 전 우리 조상들이 처음으로 농사를 시작하면서 유목 부족들은 한 지역에 정착해 공동체를 형성하기 시작했다. 이들이 영구적으로 정착하면서 최초의 건물들이 생겨났고, 농사를 짓기 위한 전문적인 농기구, 재산을 보호하기 위한 무기가 필요하게 되었다.

과학과 수학
건설물
동력
기계
수송
화학적
의학적
통신

이 기간에는 변화가 매우 느리게 일어났다. 하지만 5000년 전 청동기 시대가 시작되면서 문자와 수학이 발달했고, 공동체의 규모가 더 커졌으며 조직화되었다. 농부들은 바퀴를 사용해 생산성을 높일 수 있었고, 다른 이들에게도 전문적인 직업을 가질 수 있는 기회가 주어지면서 건축과 기계가 더욱 발전하게 되었다. 많은 문명이 기술 발전에 기여했다. 유럽과 아시아에는 두 대륙을 연결하는 도로가 생겼고, 유럽인들은 미대륙을 발견했다. 작은 부족 단위로 생활하던 인류는 이제 지구촌에서 생활하게 되었다.

1. 기원전 9500년, 최초의 벽돌(시리아)
2. 기원전 9000년, 터키 괴베클리 테페 시대
3. 기원전 8000년, 최초로 구리 사용
4. 기원전 6500년, 가장 오래된 것으로 알려진 납 제련 유물
5. 기원전 5200년, 가장 오래된 것으로 알려진 발견된 바퀴(중동)
6. 기원전 5000년, 가장 오래된 것으로 알려진 구리 제련(세르비아)
7. 기원전 4400년, 최초의 바늘
8. 기원전 4000년, 통나무 도로(영국), 포장도로(중동)
9. 기원전 3700년, 최초의 바퀴 달린 차량(이라크)
10. 기원전 3400년, 문자 발명(이라크)

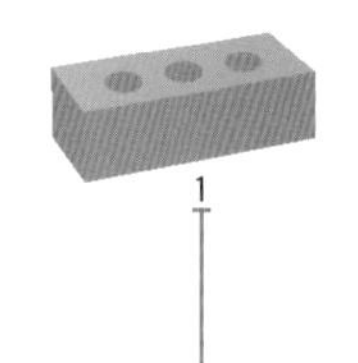

1 2 3 4 5 6

10,000 BC 7500 BC 5000 BC

11. 기원전 3200년, 최초의 범선(이집트)
12. 기원전 3000년, 산술과 기하학의 사용 사례
13. 기원전 3000년, 구리와 주석으로 만든 최초의 청동
14. 기원전 2750년, 이집트인들이 뱀장어의 전류에 대해 기록
15. 기원전 2560년,대피라미드 건설
16. 기원전 2500년, 이집트에서 개발된 파피루스(초기의 종이)
17. 기원전 2200년, 최초의 포장도로(이집트)
18. 기원전 1600년, 최초의 유리(이집트)
19. 기원전 2000년, 스톤헨지
20. 기원전 1800년, 가장 오래된 것으로 알려진 강철
21. 기원전 1600년, 메소아메리카에서사용된 고무
22. 기원전 1200년, 최초의 철 제련
23. 기원전 950년, 가장 오래된 것으로 알려진 보철물
24. 기원전 600년, 밀레투스의 탈레스가 남긴 정전기에 대한 기록
25. 기원전 515년, 최초의 기중기(그리스)
26. 기원전 570~495년, 피타고라스의 생몰년
27. 기원전 400년, 최초의 물레방아
28. 기원전 312년, 로마 제국이 유럽 전역에 도로를 건설
29. 기원전 300년, 중국에서 자석 나침반을 발명
30. 기원전 287~212년, 아르키메데스의 생몰년
31. 기원전 100년, 안티키테라 기계
32. 서기 1세기, 최초의 방향타(중국)
33. 서기 300년, 최초의 아치교
34. 서기 300년, 로마인들이 콘크리트를 발명
35. 서기 347년, 최초의 유정(중국)
36. 서기 850년, 최초의 타르 도로(페르시아)
37. 서기 800년, 최초의 화약(중국)
38. 서기 1100년, 건축물에 플라잉 버트레스가 보편화됨
39. 서기 1200년, 초기 로켓과 총 발명(중국)
40. 서기 1285년, 최초의 안경(이탈리아)
41. 서기 1400년, 최초로 정확한 파이 값 계산(마드하브)
42. 서기 1493년, 최초의 인쇄기

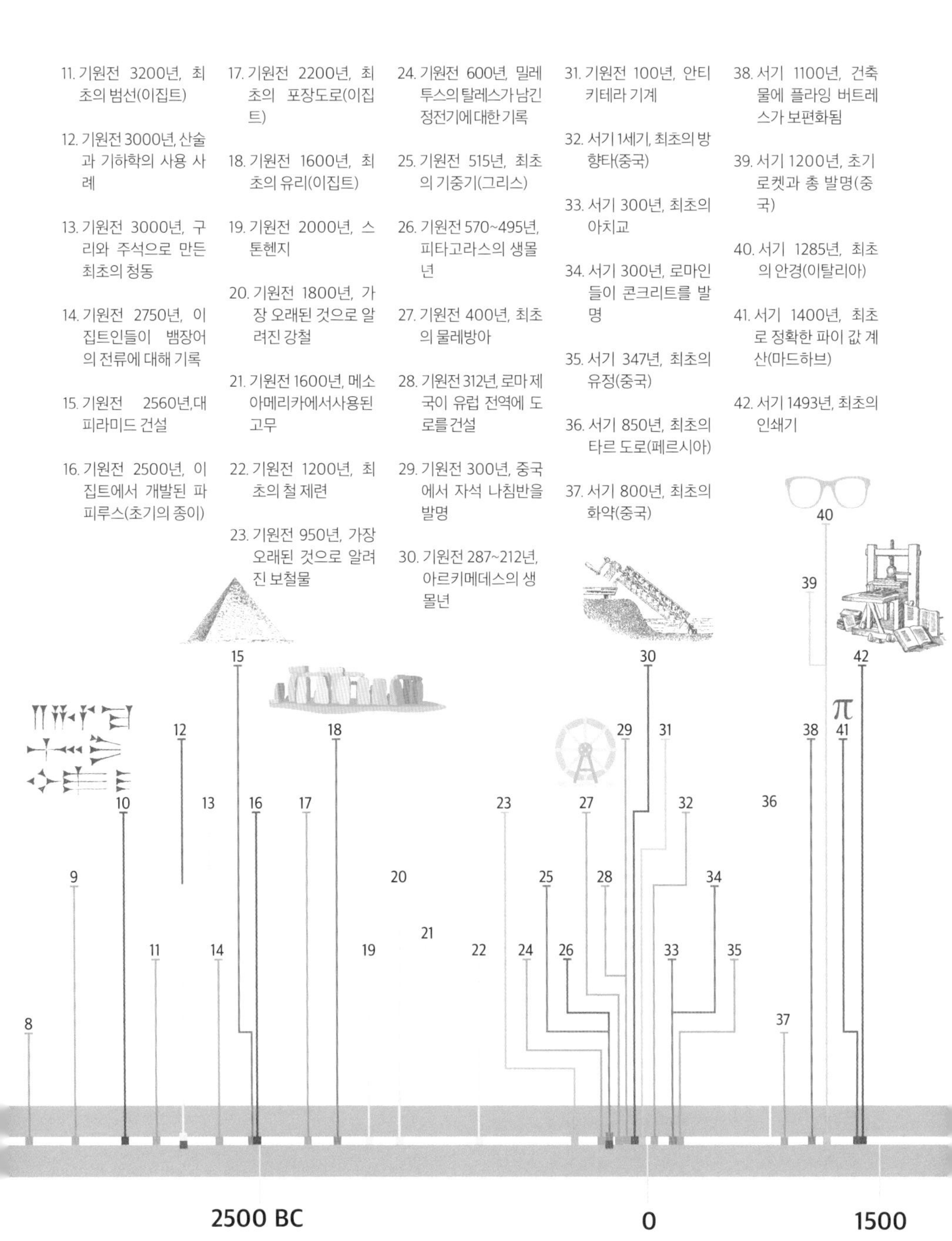

서기 1500년~서기 1900년

4세기 동안 국제적인 무역이 활성화되었고 과학적 발견을 통해 새로운 발명의 가능성이 열렸다. 물리학과 화학의 발전으로 삶을 편리하게 만드는 수천 가지 기계를 발명할 수 있었다. 엔진이 발명되자 가축들이 하던 일은 대체되었고, 19세기 말에는 기차와 증기선이 실용화되어 장거리 여행을 빠르고 편리해졌다. 19세기 전체에 걸쳐서 전자기기가 발전했고, 20세기에 들어서서는 라디오와 전화기와 냉장고 및 전등이 대중화되어 현대화가 이루어졌다.

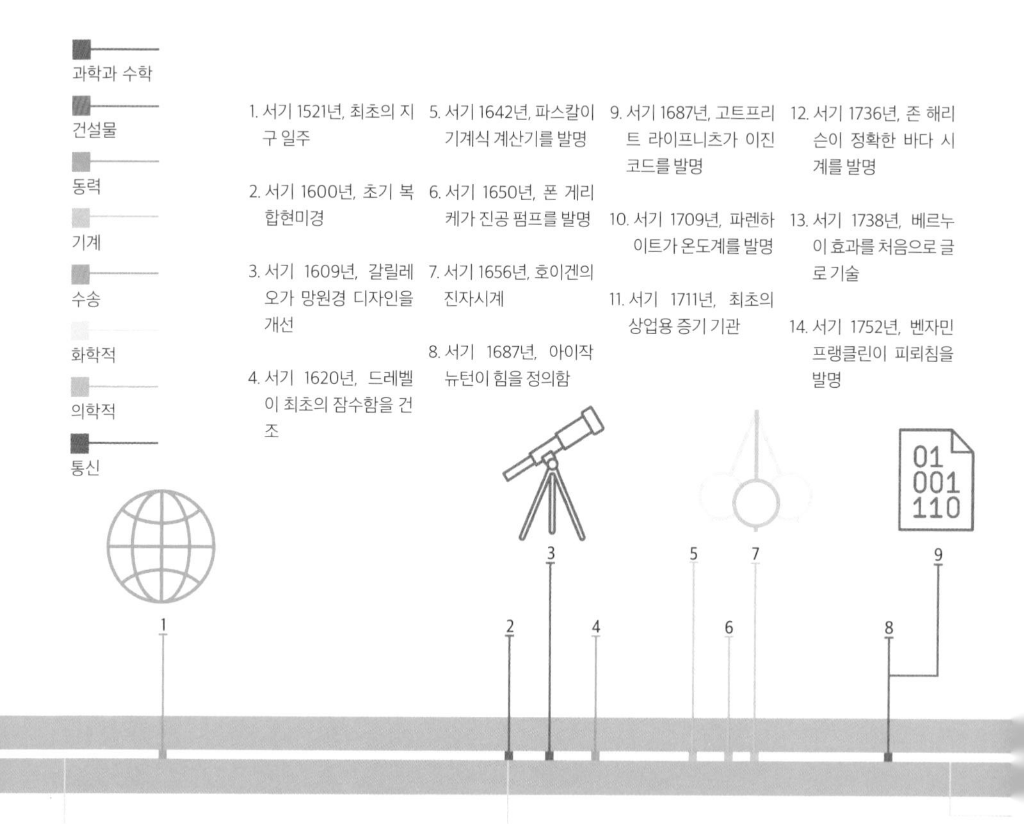

15. 서기 1769년, 최초의 증기 동력 승용차
16. 서기 1783년, 몽골피에 형제의 열기구
17. 서기 1785년, 전기분해 기술 발명
18. 서기 1798년, 제너가 최초의 백신을 개발
19. 서기 1800년, 알레산드로 볼타가 볼타 전지를 개발
20. 서기 1801년, 프로그래밍이 가능한 기계인 자카드 직조기의 발명
21. 서기 1802년, 존 달튼이 현대 원자론을 제시
22. 서기 1802년, 최초의 증기기관차
23. 서기 1812년, 첫 수혈
24. 서기 1818년, 브루넬이 터널링 쉴드 공법을 발명
25. 서기 1834년, 최초의 실용적인 전기 모터
26. 서기 1830년,대 사진 기술의 개발
27. 서기 1837년, 모스 부호 발명
28. 서기 1840년, 제임스 줄이 에너지 보존 법칙을 증명
29. 서기 1852년, 최초의 엘리베이터 비상정지 장치 발명
30. 서기 1852년, 최초의 조종 비행
31. 서기 1853년, 최초로 아스피린 합성
32. 서기 1856년, 최초의 상업용 냉장고 출시
33. 서기 1858년, 최초로 대서양을 횡단하여 전신을 보냄
34. 서기 1859년, 최초의 2차 전지 발명
35. 서기 1863년, 최초의 지하철(런던)
36. 서기 1867년, 노벨이 다이너마이트를 발명
37. 서기 1876년, 최초의 전화기 발명
38. 서기 1876년, 현대식 내연기관 발명
39. 서기 1877년, 소리를 녹음하고 재생하는 축음기 발명
40. 서기 1879년, 전구의 발명
41. 서기 1882년, 최초의 공공 전력 공급(미국)
42. 서기 1885년, J.K. 스탈리가 로버 자전거를 발명
43. 서기 1886년, 전파 발견
44. 서기 1895년, 최초의 라디오 방송
45. 서기 1895년, 첫 번째 영화
46. 서기 1895년, 엑스선의 발견
47. 서기 1897년, J. J. 톰슨이 전자를 발견

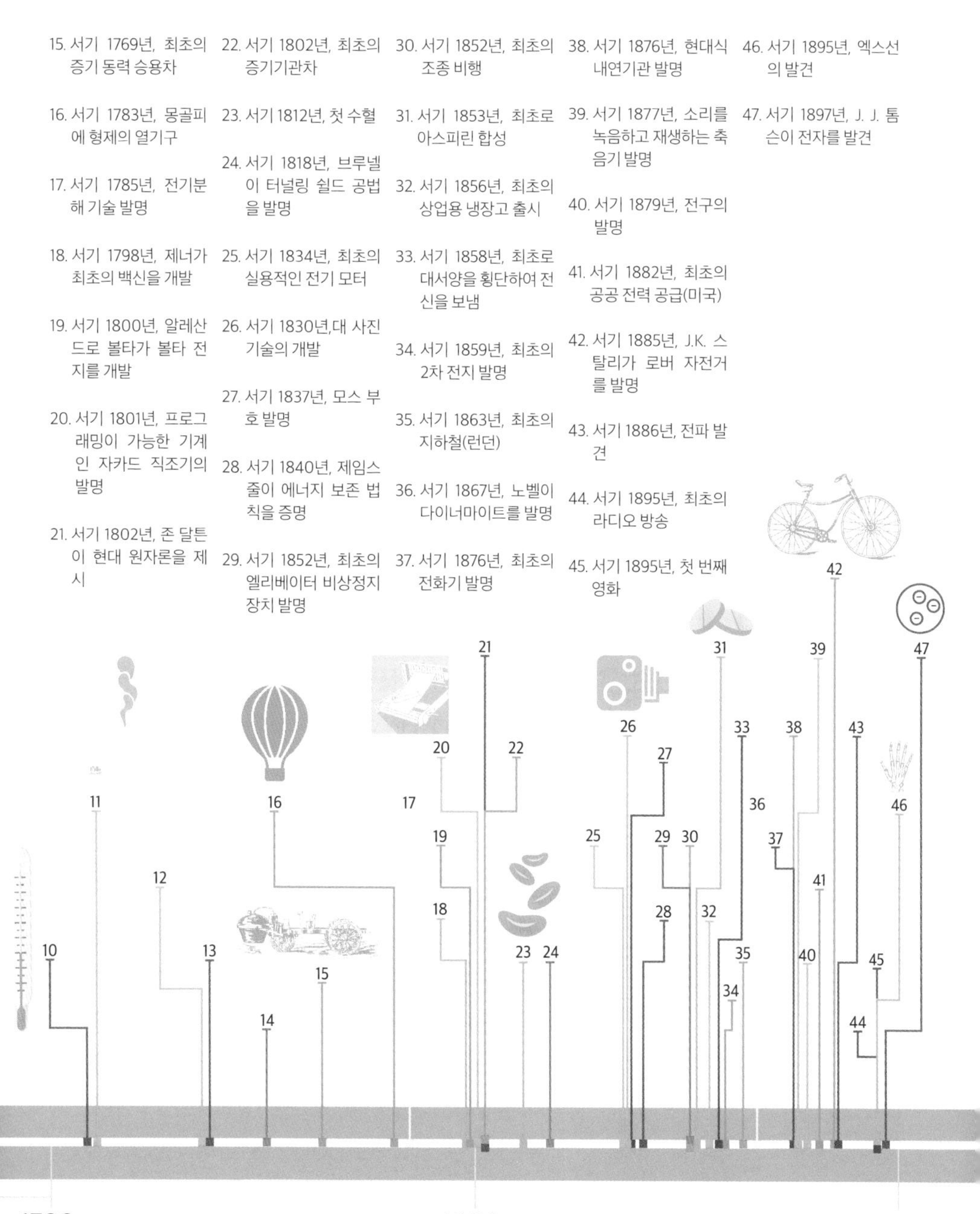

서기 1900년~서기 2000년

기계가 발전하면서 통신이 더 빠르고 저렴해졌다. 제2차 세계대전 중 과학이 발전한 결과 원자력과 컴퓨터가 개발되었고, 로켓 기술이 발달해 인류가 우주에 갈 첫 기회가 마련되었다. 또한 유전적 발견을 통해 생물을 조작될 수 있게 되었으며 최초의 복제 포유동물이 태어났다. 뿐만 아니라 장거리를 여행하고, 위성과 연결된 전자제품으로 지구상의 다른 사람들과 즉시 대화하거나 몇 시간 만에 직접 만날 수 있게 되었다.

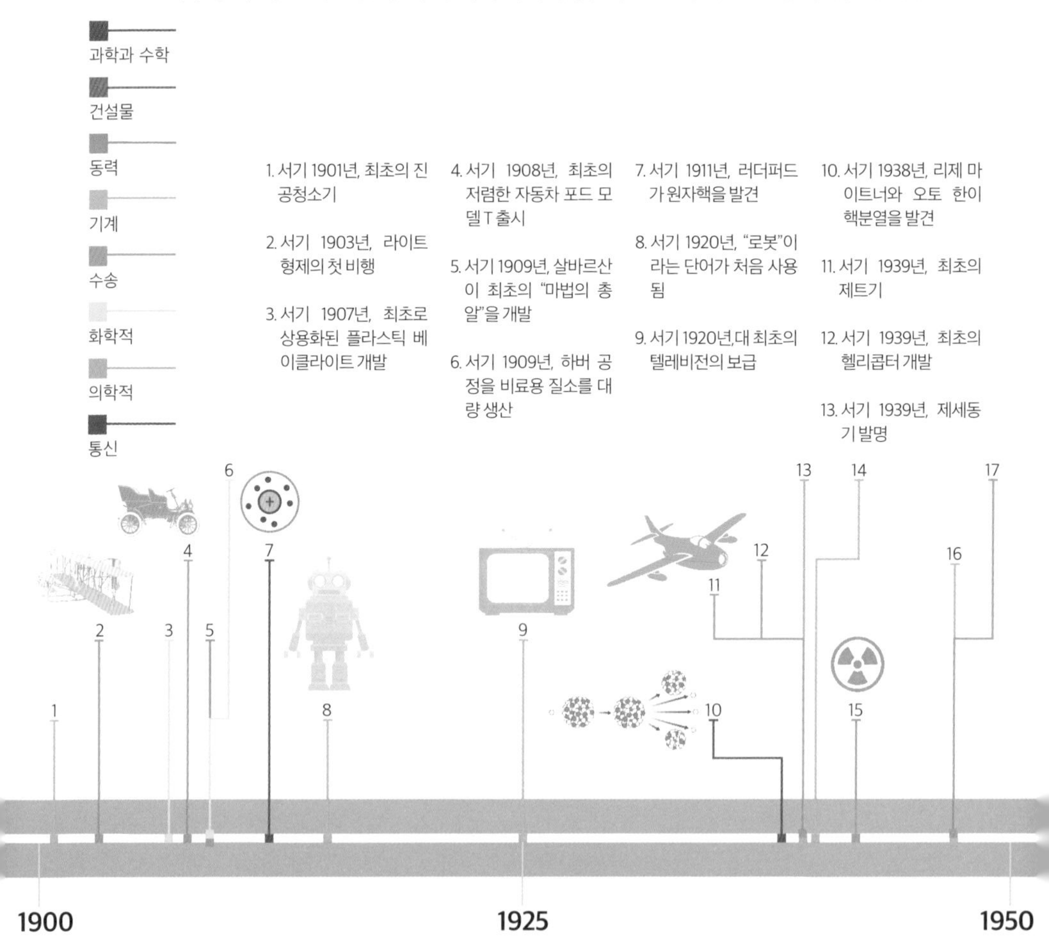

14. 서기 1940년, 최초의 초음파 영상
15. 서기 1942년, 최초의 원자로
16. 서기 1947년, 최초의 트랜지스터
17. 서기 1947년, 음속보다 빠른 최초의 제트기
18. 서기 1955년, 최초의 원자시계
19. 서기 1956년, 최초의 하드 디스크
20. 서기 1957년, 최초의 인공위성 스푸트니크 발사
21. 서기 1958년, 최초의 레이저
22. 서기 1958년, 태양전지판으로 구동되는 최초의 기계인 인공위성 뱅가드 1호 발사
23. 서기 1959년, 최초의 실리콘 칩
24. 서기 1960년, 최초의 심장 박동기
25. 서기 1961년, 유리 가가린이 최초로 우주 비행에 성공
26. 서기 1962년, 최초의 LED
27. 서기 1965년, 최초의 광섬유 데이터 전송
28. 서기 1969년, 최초로 컴퓨터를 네트워크에 연결
29. 서기 1969년, 닐 암스트롱이 인류 최초로 달에 착륙
30. 서기 1970년, 최초의 휴대용 계산기
31. 서기 1976년, 최초의 가정용 컴퓨터
32. 서기 1978년, 처음으로 체외수정에 성공
33. 서기 1979년, 최초의 자기부상열차(독일)
34. 서기 1983년, 최초의 휴대전화
35. 서기 1985년, 최초의 리튬 배터리
36. 서기 1990년, 최초의 웹 브라우저 월드 와이드 웹(WWW) 개발
37. 서기 1992년, 최초의 3D 프린터
38. 서기 1994년, 채널 터널 개통
39. 서기 1995년, 최초의 복제 동물 돌리 탄생
40. 서기 1995년, 첫 DVD
41. 서기 1997년, 최초로 음속을 넘긴 육상 차량 스러스트 SSC 개발
42. 서기 1997년, 최초의 소셜 미디어 웹 플랫폼 개발
43. 서기 1999년, 최초의 스마트폰(일본)

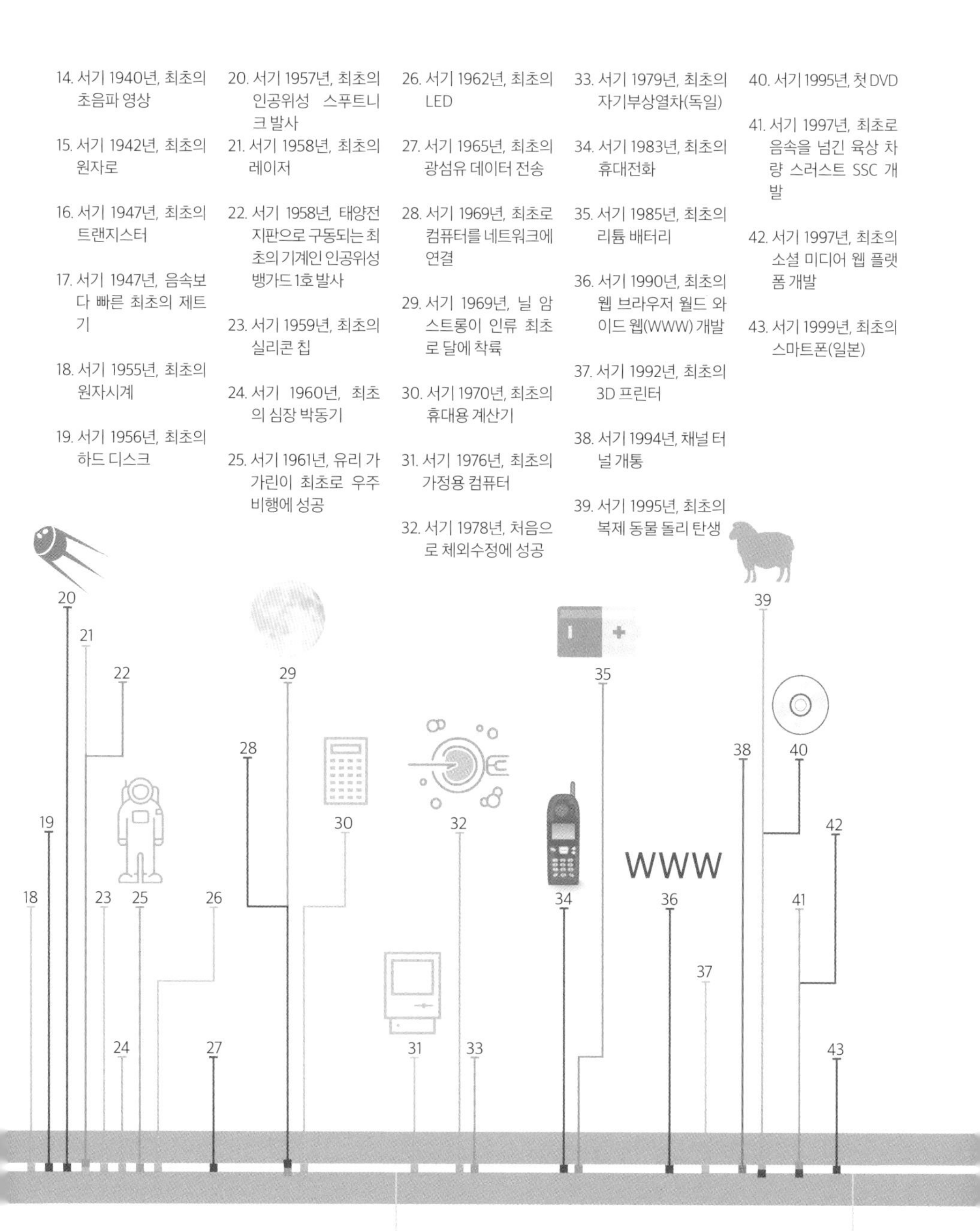

21세기

21세기의 첫 20년, 동안 발생한 성과는 과거의 모든 기술과 발명들이 어떻게 기계와 구조에 결합될 수 있는지 보여준다. 매일 새로운 것이 발견되지만, 이것들이 과거의 발명처럼 세상에 큰 영향을 미칠지는 지켜봐야 알 것이다.

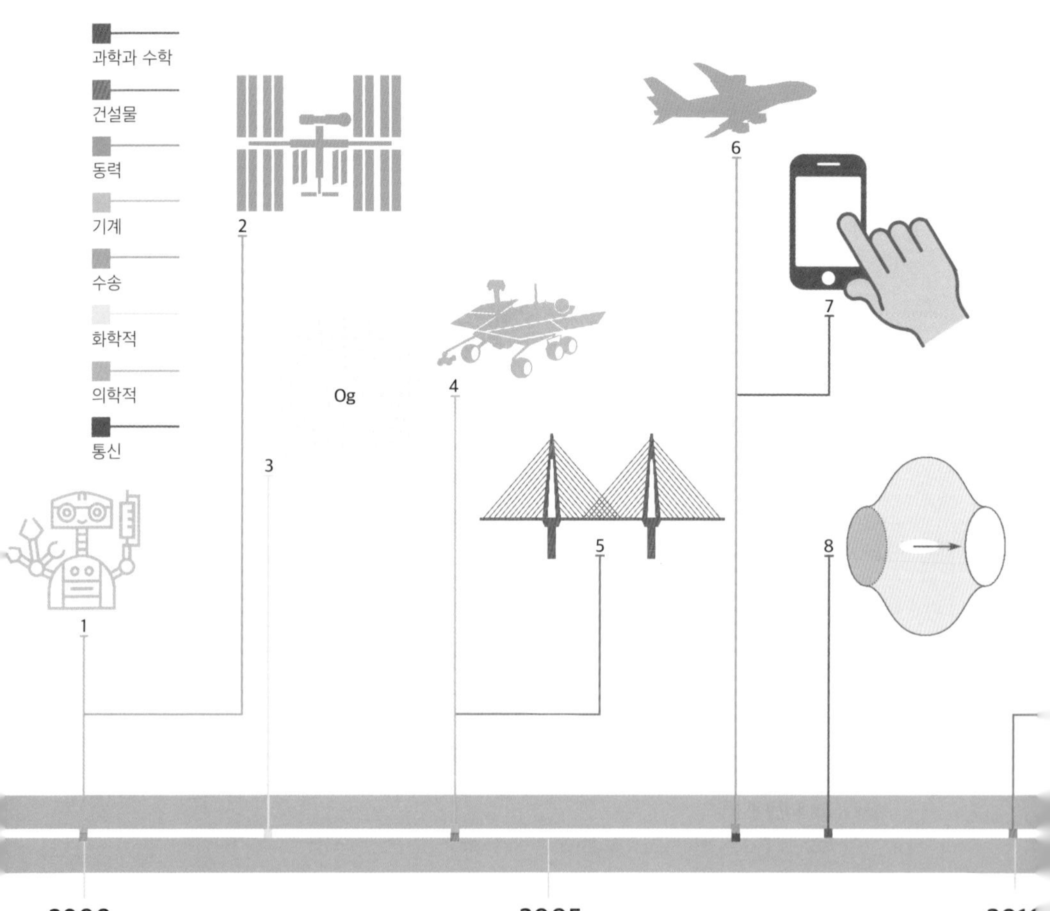

1. 서기 2000년, 최초의 로봇 외과 의사
2. 서기 2000년, 국제우주정거장에 첫 우주인 도착
3. 서기 2002년, 118번 원소인 오가네손을 처음으로 발견
4. 서기 2004년, 탐사선 오퍼튜니티가 화성에 착륙
5. 서기 2004년, 세계에서 가장 높은 다리 미요교 완공
6. 서기 2007년, 세계 최대 제트기인 에어버스 A380
7. 서기 2007년, 대형 터치스크린을 사용한 최초의 휴대폰 아이폰 출시
8. 서기 2008년, 대형 강입자 충돌기 가동
9. 서기 2010년, 세계 최고층 빌딩 부르즈 칼리파 완공
10. 서기 2014년, 가장 어두운 페인트 밴타블랙 개발
11. 서기 2015년, 세계 최대 발전소인 삼협댐 완공(중국)
12. 서기 2016년, 최초로 세 부모에게 유전자를 받은 아기 탄생
13. 서기 2018년, 최초로 유전자를 변형 아기 탄생
14. 서기 2018년, 세계 인구의 50퍼센트 이상이 인터넷을 사용
15. 서기 2019년, 최초의 양자 컴퓨터 상용화

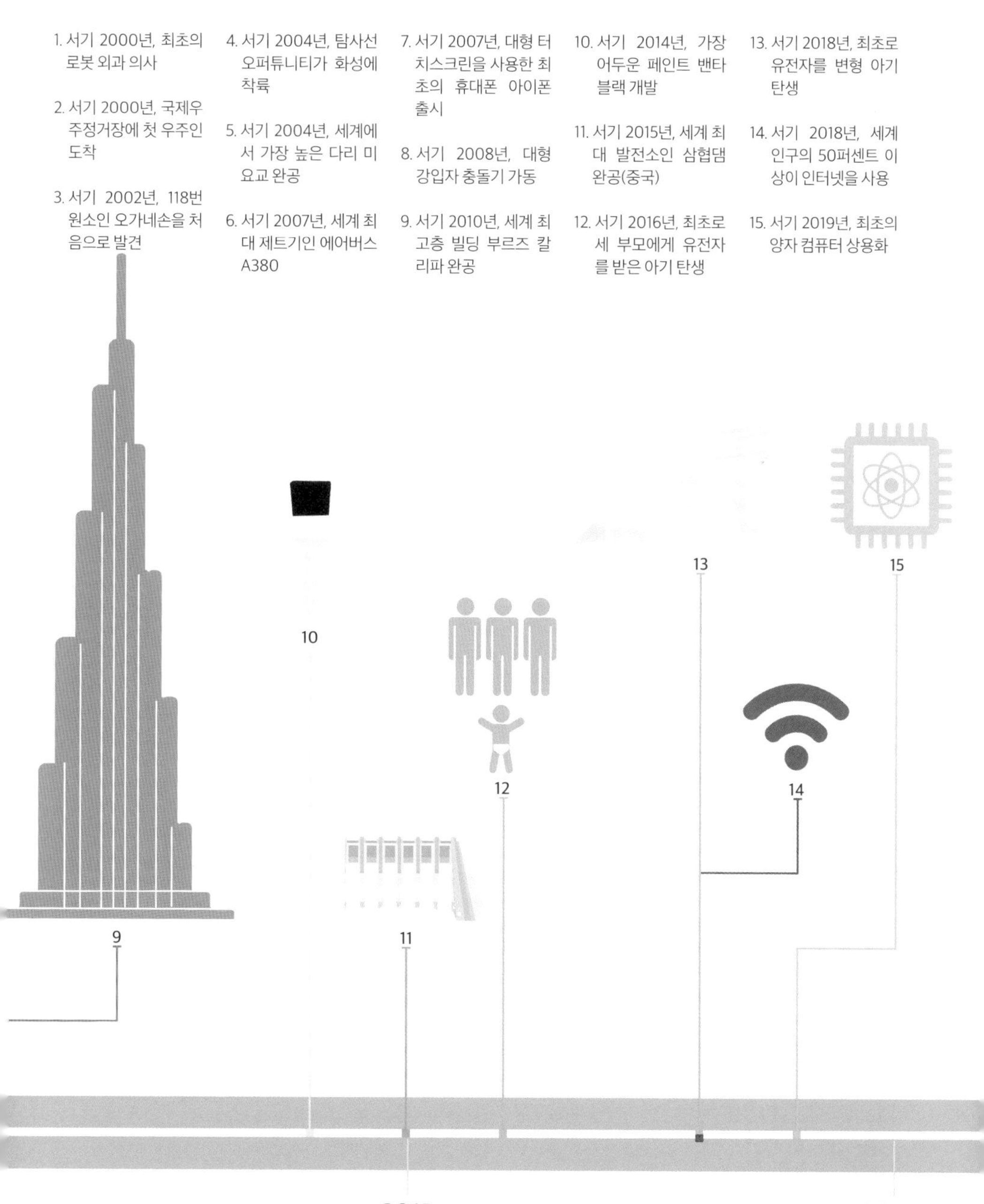

연대표

간단 요약

1만 2000년 전 중동의 일부 사람들이 농사를 짓기 시작하면서 인류가 살았던 방식이 근본적으로 바뀌게 되었다. 더 많은 이들이 정착하면서 더 많은 도구와 소유물과 영구적인 거주지가 필요하게 되었고, 점점 더 큰 공동체가 형성되었다.

- 어떤 발명은 다른 것보다 우리의 삶을 더 많이 바꿨다. 이 발명품들은 각각 우리의 생활 방식을 바꾸고 여러 새로운 기술들을 가능하게 함으로써 사회에 큰 변화를 가져왔다.
- 1만 2000년 전 우리의 조상들이 처음으로 농사를 시작했다. 유목 부족들이 정착하여 공동체를 형성했다.
- 5000년 전 청동기 시대가 시작되면서 문자와 수학이 발달했고, 공동체가 더 커지고 조직화되었다.
- 농부들은 바퀴를 사용해 생산성을 높일 수 있었고 사람들이 전문적인 직업을 가질 수 있는 시간이 주어지면서 건축과 기계가 더욱 발전하게 되었다.
- 19세기 전체에 걸쳐서 전자기기가 발전했고, 20세기에 들어서서는 라디오와 전화기와 냉장고 및 전등이 대중화되고 현대화가 이루어졌다.
- 20세기 초에는 라디오와 전화기와 자동차와 같은 기계가 개발되면서 통신이 더 빠르고 저렴해졌다.
- 21세기의 첫 20년 동안 발생한 성과들을 통해 과거의 모든 기술과 발명들이 어떻게 기계와 구조에 결합될 수 있는지를 보여준다.

퀴즈

정답

1장. 공학이란 무엇일까?

쪽지 시험

1.2 공학자의 자질

1. 주도적이고 자발적인 성격, 의사소통 능력, 팀워크, 창의적 사고 능력 등
2. 과학(SCIENCE), 기술(TECHNOLOGY), 공학(ENGINEERING), 수학(MATHEMATICS)
3. B

1.3 공학의 경제학

1. 원가 절감
2. 국제 우주 정거장
3. 420억 달러
4. 안정성, 자재의 비용, 건설 기간 등

1.5 엔지니어란?

1. B
2. B
3. 토목, 화학, 기계, 공정, 로봇 공학, 소프트웨어, 전기, 항공 우주, 핵, 컴퓨터 하드웨어, 에너지, 농업, 자동차, 환경
4. 로봇 엔지니어, 기계 엔지니어, 전기 엔지니어 및 소프트웨어 엔지니어를 포함한 팀
5. 도로, 건물, 공항, 병원처럼 건물, 마을 및 도시와 관련된 모든 것

퀴즈

1. C
2. C
3. B
4. A
5. C
6. B
7. D

2장. 공학의 과학

쪽지 시험

2.1. 과학에서 공학으로

1. 자연에 대해 이해하는 것을 실험하기 위해서
2. 이븐 알 하이텀
3. 아래에서 올라갈수록 뾰족한 모양이 공학적으로 가장 안전한 구조이기 때문에
4. 두바이의 부르즈 칼리파
5. 지반의 돌과 땅이 견고하고 안정되어 있는지 시험하기 위해

2.3. 과학에 사용되는 공학

1. 새로운 아원자 입자를 찾기 위해
2. 중성미자가 물질과 상호 작용할 확률이 매우 낮기 때문에
3. 다른 태양계의 행성을 찾기 위해
4. 중력파

2.4. 미는 힘과 당기는 힘

1. 미는 것 또는 당기는 것
2. 우리에게 지구의 중력과 대기

의 저항력이 작용하고 있다. 그렇지 않으려면 우주로 나가야 한다
3. 무게가 더 적기 때문에
4. 반력

2.5 사물을 구성하는 아주 작은 요소들

1. 화학 반응
2. 양자 중성자 전자
3. -1
4. 원자의 외곽에 위치한 전자가 다른 원자의 핵에 끌어당겨지면서 두 원자가 결합한다.
5. 분자 간 결합

2.6 에너지의 균형

1. J(줄)
2. 떨어지면서 운동 에너지를 얻게 되고 아래에서 열에너지로 저장된다
3. 움직임을 멈추는데 필요한 에너지
4. 중력, 운동, 탄성, 열, 자기, 정전기, 화학, 핵

퀴즈

1. C
2. A
3. B
4. B
5. A
6. C
7. D
8. D
9. B

3장. 건축

쪽지 시험

3.1 고대의 건축

1. 사원 또는 의식 장소
2. 더 단단한 금속의 발명
3. 추도 목적 겸 무덤
4. 약 4만 년 전
5. 사암

3.2 고도의 제한

1. 플라잉 버트레스
2. 830미터
3. 엘리베이터를 사용해 꼭대기 층까지 사람들을 데려다주면서 그것이 너무 오래 걸리지 않도록 하는 것, 화재 발생 시 사람들을 안전하게 대피시킬 방법을 찾는 것, 건물이 바람에 휘청이지 않도록 하는 것
4. 약 4000년

3.3 다리 건설하기

1. 재료를 함께 압착하는 기계적인 힘
2. 재료를 분리하는 기계적인 힘
3. 현수교
4. 아치교
5. 많은 사람들이 다리를 건너면서 생기는 흔들림이 중첩되어서 위험한 수준으로 커졌기 때문에

3.4 더 깊이!

1. 단단하거나 부서지기 쉬운 재료 파내기, 터널에 지하수가 들어오지 않도록 주의하기, 공기를 공급하고 유독 가스 제거하기
2. 철 비계로 벽을 만들어서 인부들이 터널을 팔 때 보호하는 공법
3. 11개
4. 1990년

5. 12.2킬로미터

퀴즈

1. B

2. C

3. A

4. D

5. A

6. C

7. D

8. A

9. D

4장. 동력과 공학

쪽지 시험

4.1 에너지원

1. 재사용할 수 없는 에너지원
2. 목재
3. 땅에 묻힌 유기체가 수백 만년에 걸쳐 열과 압력을 받아 천천히 연료가 된다
4. 9세기 페르시아에서
5. 배터리, 핵반응, 지열 에너지, 조수력

4.2. 전기

1. 양자와 전자의 전하로 생성되는 정전기력
2. 동판과 아연판 사이에 소금물에 담근 종이를 두어 만들었다
3. 전자
4. 전하가 같은 방향으로 연속적으로 흐를 때가 아니라 앞뒤로 흐를 때이다
5. 명확하고 읽기 쉽게 만들기 위해서

4.3 발전

1. 마이클 패러데이
2. 전선을 움직여서 만들어지는 자기장에 자석이 반응해 전선 내의 전자를 밀어낸다
3. 코일을 더 많이 감아 더 빨리 회전하게 하거나 더 강한 자석을 사용
4. 2개 이상의 전지를 연결한 것
5. 물리적 압력으로 재료의 모양이 바뀌면서 전류가 생성되는 것

4.4 국가 단위의 발전

1. 물을 끓인다
2. 가열된다
3. 전기를 전달하기 쉽게 하기 위해 전압을 높이고 전류를 줄인다.
4. 집에서 안전하게 사용하기 위해 전압을 줄인다
5. 밤

4.5 친환경

1. 이산화탄소
2. 산성비, 오염된 대기를 호흡하는 것
3. 바람이 불지 않거나 일조량이 충분하지 않을 때 에너지를 계속 사용할 수 있음
4. 플라이휠

퀴즈

1. C

2. B

3. C

4. A

5. C

6. D

7. A

8. C

9. B

10. D

5장. 운송 수단

쪽지 시험

5.1 운송

1. 6000년 전
2. 배터리를 사용하지 않고 레일을 통해 전기를 공급할 수 있기 때문에
3. 물이 좌우로 흘러내리도록 하기 위해
4. 타르

5.2 개인용 운송 수단

1. 자동차와 자전거
2. 작은 충돌의 충격을 흡수하기 위해
3. 강도가 강하면서도 매우 가볍기 때문에
4. 유선형 모양의 디자인
5. 소음과 대기오염을 유발하고 보행자 및 기타 도로 이용자에게 위험하다

5.3 대중교통

1. 보통 더 저렴하고 더 효율적이다
2. 1826년
3. 1863년에 건설된 런던 지하철
4. 기후 변화에 기여하는 온실 가스 배출량이 적다
5. 자기 부상 열차에는 움직이는 부품이 없으므로 마찰이 일어나지 않는다

5.4 배와 잠수함

1. 인간의 힘으로 젓는 것, 바람으로 돛을 미는 것, 연료를 태우는 것, 배터리 또는 원자력에서 전기를 사용
2. 떠 있는 물체에서 아래로 가해지는 힘은 밀려 나간 유체의 무게와 같다
3. 방향타가 회전하면서 물의 저항이 한쪽에서 더 커지고 배가 옆으로 밀린다
4. 배가 바람을 가르며 항해할 수 있게 되었다
5. 공기 탱크를 사용해 안과 밖으로 물을 퍼내서

5.5 비행기

1. 몽골피에 형제의 열기구
2. 액체나 기체를 통과할 때 한쪽에서 다른 쪽보다 힘을 더 많이 받는 물체
3. 공기 저항과 베르누이 효과
4. 외진 곳에 착륙할 수 있고 빠르게 이동이 가능하기 때문

5.6 우주와 우주 너머로

1. 13세기 중국
2. 러시아 위성 스푸트니크
3. 대기를 빠져나오는 것, 대기로 재진입하는 것, 우주의 진공, 무중력, 우주 복사
4. 뭉툭한 디자인, 표면을 내열 타일로 덮기, 가열되면 부서지는 재료를 사용해 내부에 열이 전달되는 것 막기
5. 위험한 방사선 폭발로부터 보호하기 위해서

5.7 미래의 교통수단

1. 사람보다 더 빠르게 반응할 수 있기 때문에
2. 공기 저항으로 에너지 낭비가 줄어 훨씬 빠르게 이동 가능
3. 도로 및 주차 공간이 더 필요하다
4. 저고도에서 비행기처럼 날 수 있고 버려지는 부품이 없다

퀴즈

1. D
2. A
3. A
4. B
5. C
6. D
7. C
8. B
9. A
10. D

6장. 기계

쪽지 시험

6.1 간단한 기계

1. 레버, 바퀴, 경사면
2. 지렛목
3. 경사로를 사용하면 필요한 일의 양을 넓은 거리로 분산할 수 있다
4. 물체를 일정한 거리만큼 움직이게 하는 데 필요한 힘

6.2 동력으로 작동하는 기계

1. 에너지를 변환하여 운동을 생성하여 작업을 더 쉽게 만든다
2. 팽창하는 기체를 운동으로 바꾸는 것과 전류와 자기장의 상호 작용을 사용하는 것
3. 힘의 단위
4. 더 많은 힘을 얻을 수 있게 효율화되었고 제어가 더 쉬워졌다
5. 광산에서 물을 퍼내기 위해

6.3 시간 측정

1. 이스케이프먼트
2. 크리스티안 하위헌스
3. 기계가 속도를 힘으로 바꾸거나 반대로 힘을 속도로 바꾸거나 회전 방향을 바꿀 수 있도록 함
4. 안티키테라 기계
5. 천체의 움직임을 예측하기 위해

6.4 로봇 공학

1. 사람의 지시 없이 작업을 수행할 수 있는 기계
2. 자동차 조립처럼 위험하거나 지루하고 반복적인 작업
3. 오퍼튜니티
4. 4~24분
5. 1920년 체코의 소설가 카렐 차페크가 쓴 연극<로섬의 만능 로봇>

6.5 지능형 기계

1. 다른 기계가 할 수 있는 거의 모든 알고리즘을 수행할 수 있다
2. 인간의 뇌세포와 유사한 행동을 하는 부품을 사용하는 기술
3. 인공지능
4. 쉬운 문제와 어려운 문제
5. 트랜지스터

6.6 양자 컴퓨팅

1. 어떤 것의 일부 또는 "입자"
2. 확률의 법칙을 따름
3. 비트; 양자 컴퓨팅에서는 큐비트
4. 입자의 속성이 측정되기 전에 "아직 결정되지 않은" 상태
5. 고전적인 컴퓨터가 해결하기에는 너무 오래 걸리는 복잡한 문제 해결

6.7 멋진 기술

1. 아이스 하우스에 보관했다
2. 냉장 기술
3. 제이컵 퍼킨스

4. 형태가 변하면서 에너지를 흡수하고 방출하는 결정체를 사용하는 냉장고

퀴즈

1. B
2. B
3. D
4. C
5. B
6. C
7. D
8. A

7장. 화학 공학

쪽지 시험

7.1 연금술, 마법인가 공학인가?

1. 약 2500년 전 고대 그리스에서
2. 원자라고 불리는 더 이상 나눌 수 없는 작은 단위
3. 흙, 불, 공기, 물
4. 로버트 보일

7.2 시대별 제련 방식

1. 일반적으로 암석 형태의 화합물로서 다른 원소와 혼합된 유용한 금속 또는 광물
2. 제련
3. 금
4. 괴철로
5. 용해된 빙정석 용액에 알루미늄과 산소 이온을 분리한다

7.4 플라스틱 문제

1. 재료를 구하기 쉽고 저렴하기 때문에
2. 원유
3. 기계적 및 화학적 재활용
4. 화학적으로 중합체가 분해되어 재활용하기 어려우므로

7.5 비료

1. 토양의 비료 화합물
2. 인간과 동물의 배설물을 이용
3. 약 80퍼센트
4. 질소와 수소를 촉매와 압력으로 결합
5. 폭발물 생산

퀴즈

1. A
2. D
3. C
4. D
5. B
6. D
7. B
8. A

8장. 생명 공학

쪽지 시험

8.1 제약 공학

1. 특정 식물이나 균이나 미네랄을 섭취한다
2. 박테리아를 죽일 수 있는 최초의 항생제
3. 숙주의 조직을 파괴하지 않고 미생물(특히 박테리아)을 죽인다
4. 자연 생태계에서 또는 컴퓨터로 화학 물질을 모델링해 사용한다
5. 약 1조 달러

8.2 심장의 공학

1. 제세동기는 멈춘 심장을 뛰게 하는 것이 아니라 규칙적으로 뛰지 않는 심장의 리듬을 재설정하는 것이다
2. 하전 입자가 근육 세포 안팎으로 움직이는 파동

3. 몸을 떨거나 불규칙적인 리듬으로 뛴다
4. 심장 박동을 기록할 수 있는 장치
5. 착용할 수 있을 정도로 작고 안정적인 최초의 심박 조율기

8.3 피부 아래에는 무엇이 있을까?

1. 전자기 복사 또는 광파의 한 형태인 엑스선
2. 자기공명영상(MRI)
3. 다양한 조직의 이미지를 생성하는 데 도움이 되는 에너지 폭발을 방출
4. 음조가 너무 높아서
5. 아직 자궁에 있는 아기의 사진을 찍는 초음파기계

8.4 신체를 구성하는 요소

1. 의지(보조기, 인공 기관)
2. 인간의 발가락
3. 심장 및 호흡기 시스템
4. 혈액이 빠르게 응고되는 것

8.5 장기는 어떻게 자랄까?

1. 면역 체계가 기증된 조직을 공격하고 죽일 수 있기 때문에
2. 줄기세포
3. 세포외 기질
4. 약 140,000건
5. 약 270,000달러

8.6 실험실에서 잉태된 생명

1. 약 85퍼센트
2. 모체로부터 채취한 난자를 체외에서 수정시킨 뒤 다시 모체의 자궁에 착상시키는 과정
3. 미토콘드리아
4. 모체의 난자
5. 최초로 체세포 이식을 통해 인공적으로 태어난 복제 동물이기 때문에

8.7 유전자 조작

1. 살아 있는 유기체 내에서 작업이 수행되는 방식을 정의하는 일련의 코드
2. 원하는 방향으로 작물 또는 가축의 번식을 제한하는 것
3. 생물의 특정 특성을 선택하여 가축의 질병을 제거하거나 작물의 해충 저항성을 높일 수 있다
4. 바이러스 감염으로부터 자신을 보호하기 위해
5. 암이 발생할 위험이 증가할 수 있다

8.8 주방 안의 공학

1. 건조, 염장 및 훈제
2. 추가 수분을 끌어내고 미생물이 쉽게 번식하지 못하는 환경을 만든다
3. 음식의 색을 망칠 수 있는 산소를 제거할 수 있다
4. 유럽

퀴즈

1. B
2. A
3. C
4. D
5. B
6. C
7. B
8. C

9장. 통신

쪽지 시험

9.1 통신의 역사

1. 약 50만 년 전
2. 인쇄기
3. 1840년대
4. 문자 "E"

9.2 파동을 통한 통신

1. 전화
2. 액체 송화기
3. 문자 "S"를 나타내는 모스 부호

9.3 디지털화

1. 1과 0으로 이루어진 코드
2. 지속적으로 변화하는 신호
3. 소리를 매우 짧은 조각으로 자른 뒤 그 구간의 음높이와 소리 크기에 이진법을 표시한다
4. 약 2,000쪽
5. 신호가 약간 교란되더라도 수정할 수 있다는 점, 전기보다 빠르고 효율적이라는 점, 공간을 거의 차지하지 않는 점

9.4 데이터의 세계

1. 아르파넷
2. 월드 와이드 웹 (WWW)
3. 사물 인터넷
4. 웹페이지를 저장하고 처리하는 컴퓨터
5. 저렴하고 원격으로 인터넷에 접속할 수 있다는 점

퀴즈

1. C
2. B
3. B
4. C
5. A
6. A
7. B
8. C
9. A
10. D

10장. 미래의 공학

쪽지 시험

10.1 별을 향하여

1. 빛의 속도, 초당 299,792,458미터
2. 약 시속 700,000킬로미터
3. 반대 방향으로 물체를 밀지 않으면서 추력을 발생시키는데 이것은 뉴턴의 제3 운동 법칙에 어긋난다
4. 에펠탑
5. 7만 년

10.2 소행성의 공학

1. 1억 5천만 개 이상
2. C형, S형, M형
3. M형 소행성인 프시케에는 철과 니켈 등의 금속이 다량 함유되어 있다고 추정되기 때문

10.3 더 작은 것들

1. 100나노미터 이하의 입자
2. 빨간색에서 보라색 사이의 색상
3. 신체의 특정 위치로 약물을 운반함
4. 기름을 밀어내는 재료

10.4 새로운 세상 만들기

1. 대기를 두껍게 하고, 표면을 따뜻하게 하며, 위험한 방사선으로부터 보호하는 방법
2. 표면이 빛을 반사하는 특성
3. 낮은 기압으로 인해 피부 안의 액체가 끓어오를 수 있다

4. 지구에서 발생하는 온실 효과와 마찬가지로 가스는 열을 표면에 가두는 데 도움이 될 수 있다
5. 별을 둘러싸 더 많은 빛의 에너지를 흡수할 수 있는 가상의 거대한 공학적 구조물

4. D
5. C
6. B
7. C

10.5 불가능한 공학적 주제

1. 파티가 끝난 후에 초대장을 보냈기 때문에 시간 여행에 성공한 이만이 찾아올 수 있었다
2. 1년 이상
3. 물체를 더 빠르게 움직이게 하려고 에너지를 가하면 질량이 늘어나기 때문에 가속이 더 어려워진다
4. 에너지를 변환하여 기계가 작동하는 과정에서 일부가 열로 전환되는데 일로 변환되는데 더 많은 에너지가 필요하게 된다

퀴즈

1. A
2. B
3. A

용어 사전

가속 사물이 얼마나 빠르게 속도를 바꾸는지를 나타내는 양으로 보통 미터/제곱초 단위로 측정된다.

인공지능(AI) 인간 두뇌의 기능을 모사하는 방식으로 작업을 수행하는 소프트웨어.

원자 번호 원자의 양성자 수로 해당 원자가 어떤 종류의 원소인지 결정한다.

버트레스 건물을 지지하기 위해 벽의 하향력을 전달하는 건물 구조. 플라잉 버트레스는 별도로 기둥에 연결된 아치를 사용하는 더 가벼운 버전이다.

크리스퍼 유전자 가위 생화학 기반의 유전 공학 기술의 형태로 박테리아에서 바이러스를 죽이는 기능을 가진다.

제세동기 심장 전체에 전류를 가하여 자연스러운 박동 리듬을 재설정하는 의료기기이다.

디지털 전기 신호처럼 온/오프 상태만 사용하는 정보 전달 방식.

항력 물체를 느리게 하는 힘으로 일반적인 예시로는 마찰과 공기 저항이 있다.

효율적 낭비하는 것이 없다는 뜻으로 공학 과정이나 기계가 재료, 에너지, 비용, 또는 시간을 낭비하지 않는 것을 뜻한다.

전류 하전 입자(일반적으로는 전선에 있는 금속 원자의 자유 전자)의 흐름. 흐름이 빠르거나 클수록 더 많은 에너지를 전달할 수 있다.

에너지 온도나 속도의 변화와 같은 변화를 일으키는 능력.

이스케이프먼트(탈진기) 통제된 방식으로 힘을 전달하는 간단한 장치로 시계의 스프링이 풀리거나 무게추가 일정하게 시간을 측정할 수 있도록 한다.

받침점 짐을 움직일 수 있도록 지렛대가 놓여 있는 지점.

정지 궤도 표면에서의 높이를 유지하면서 행성 주위를 높은 고도에서 공전하는 물체의 경로.

시험관 시술 체외에서 정자, 난자를 함께 결합하여 수정시키는 보조 생식 기술(IVF)의 한 종류.

운동에너지 물체가 이동하는데 필요한 에너지. 이동하는 물체에 담긴 에너지로 무게가 크거나 더 빠르게 움직일수록 에너지의 양이 크다.

질량 물체에 있는 물질의 양. 물체에 있는 양성자, 중성자 및 전자의 수를 나타내는 또 다른 방법으로 질량이 클수록 중력에 의해 더 강하게 끌린다.

분자 하나의 입자처럼 행동하는 원자들의 결합.

나노 기술 크기가 100나노미터 미만인 구조를 기반으로 한 재료 과학의 응용.

농업혁명 신석기 시대라고도 불린다. 약 1만 년 전 인간 공동체의 이동 반경은 적었지만 식량을 재배하는 새로운 방법을 발견한 이후의 시대.

플라스틱 다양한 응용 분야에 맞게 성형과 색을 입힐 수 있는 탄소 분자를 엮어 만든 재료.

힘 에너지가 한 에너지원에서 다른 에너지원으로 얼마나 빨리 이전될 수 있는지를 나타내는 값.

큐빗 입자의 두 가지 상태와 중첩 또는 미정의 상태까지 3가지 종류를 사용하는 양자 컴퓨터의 정보단위.

로봇 환경을 감지하고 반응하여 스스로 특정 작업을 수행할 수 있도록 프로그래밍 가능한 기계.

제련 금속을 분리하기 위해 다른 원소와 혼합된 금속을 가열하는 과정.

줄기세포 적절한 조건에서 다른 세포 유형으로 전환할 수 있는 기본적인 세포.

기술 어떤 공정을 자동화해 작업을 더 쉽게 만들거나 과학적 지식을 사용해 인간보다 더 빠르게 수행하거나 인체가 할 수 없는 작업을 수행할 수 있는 기계 또는 그 기계를 만드는 것.

트랜지스터 반도체 물질의 연결 부위의 전도를 변경하여 전류를 높이거나 전환하는 장치.

일 물체를 일정한 거리만큼 이동시키는 데 필요한 힘.

엑스레이 볼 수 없는 뼈와 같은 조밀한 물질의 이미지를 만드는 데 일반적으로 사용되는 광파로 우리 눈이 볼 수 있는 주파수 보다 더 높은 주파수를 가진다.

메모

공학이 일상으로 오기까지

개정 1판 1쇄 발행 2024년 10월 18일

지은이 마이클 맥레이, 조너선 베를리너
옮긴이 김수환
발행인 곽철식

편 집 김나연
디자인 박영정
마케팅 박미애

인쇄와 제본 영신사

출판등록 2011년 8월 18일 제311-2011-44호
주소 경기도 고양시 덕양구 향동동391 향동dmc플렉스데시앙 ka1504호
전화 02-332-4972 팩스 02-332-4872
전자우편 daonb@naver.com

ISBN 979-11-93035-54-2 (03400)